Abrupte Klimaschwankungen seit 2000 Jahren

Das Gemälde IJsvermaak („Eisvergnügen") von Hendrick Avercamp zeigt Menschen auf einem zugefrorenen Kanal in den Niederlanden im kalten Winter 1608. Heute dagegen sind die Kanäle im Winter meist eisfrei. Künstlerische Darstellungen solcher Szenen sind nur aus der Zeit zwischen 1565 und 1640 bekannt.

KLAUS-DIETER SEDLACEK (HRSG.)

ABRUPTE KLIMASCHWANKUNGEN SEIT 2000 JAHREN

LOKALE UND KOSMISCHE URSACHEN EINES KLIMAWANDELS

Neu bearbeitet und herausgegeben von
Klaus-Dieter Sedlacek

Wissen gemeinverständlich Bd. 23

Bibliografische Information der Deutschen Bibliothek: Die Deutsche
Bibliothek verzeichnet diese Publikation in der Deutschen National-
bibliografie; detaillierte bibliografische Daten sind im Internet über
http://dnb.ddb.de
abrufbar.

Herstellung und Verlag: BoD – Books on Demand, Norderstedt
ISBN 9783750430952

Inhalt

1. KLIMAÄNDERUNG IN HISTORISCHER ZEIT

Von Dr. Ludwig Polluge in Oels, 1880

1.1. EINFÜHRUNG

Die Frage, ob die klimatischen Verhältnisse einzelner Länder seit historischen Zeiten eine stete Änderung erlitten haben, ist in neuerer Zeit wieder in den Vordergrund wissenschaftlicher Erörterung getreten. Schon im 16. Jahrhundert behandelte man in Frankreich einen Teil dieser Frage, nämlich den nach etwaigen Änderungen im periodischen wie unperiodischen Gang der fließenden Gewässer, und Anfang des 17. Jahrhunderts sagt Brice, dass einige Gelehrte seit Jahrhunderten eine stetige Abnahme der Wässer beobachten, andere Gelehrte derselben Zeit das Gegenteil glauben annehmen zu dürfen. Allmählich wurde der Kreis der hierher gehörenden Beobachtungen größer und die obenerwähnte Wasserfrage gestaltete sich zu der Frage nach der Veränderlichkeit der durchschnittlichen Größe und Beschaffenheit aller meteorologischen Elemente an einem bestimmten Orte und in einer bestimmten Gegend, was wir eben in dem Worte Klima zusammenfassen. Es ist der Versuch gemacht worden, so von Adhémar, Croll, in neuester Zeit von Schmick, aus einer Veränderung der Elemente der Erdbahn, der Exzentrizität und der Neigung ihrer Ebene zur Ebene des Äquators, wie in vorhistorischen so auch in historischen Zeiten eine in bestimmten, aus tausende von Jahren berechneten Perioden allmählich eintretende Änderung des Klimas aus den beiden Hemisphären herzuleiten, — aber vergeblich. Denn wenn auch die Änderungen, aus die diese Hypothesen sich stützen, tatsächlich bestehen, so ist ihnen doch nimmermehr ein so weitgreifender Einfluss auf die klimatischen Verhältnisse unserer Erde beizumessen.

Die Frage wäre ganz einfach zu lösen, wenn wir eine angemessene Anzahl genügend weit zurückreichender Beobachtungsreihen meteorologischer Vorgänge hätten, aus denen dann ein Vergleich mit dem augenblicklichen Zustand des Klimas einer Gegend gewonnen werden könnte. Leider datieren die spärlichen derartigen Beobachtungen aus einer zu jungen Vergangenheit, und außerdem wäre noch zu berücksichtigen, ob die in verschiedenen Perioden angewandten Instrumente genau mit einander übereinstimmen, ob nicht eine veränderte Aufstellung stattgefunden haben könnte. Jedenfalls sei erwähnt. dass nach diesen Beobachtungen die klimatischen Verhältnisse zum Teil keine, zum Teil eine nicht nennenswerte Änderung erlitten haben.

Das Klima der Vereinigten Staaten hat sich nach Draper in New-York innerhalb der Periode, von der meteorologische Auszeichnungen vorliegen, d. h. ungefähr seit der Mitte des 18. Jahrhunderts nicht geändert. Als Beweis führt er u. A. den Hudson an, welcher seit dem Anfang diese Jahrhunderts (A.d.H.; Stand 1880) fast durchweg 92 Tage jährlich mit Eis bedeckt blieb.

Nach Loomis ist die mittlere Temperatur von New-Haven von 1778−1820=7,60°, für die Zeit von 1820−65=7,52°.

Die aus der Periode von 1848−65 abgeleitete mittlere Jahrestemperatur für Berlin weicht nach Dove nur um 1/100° von dem aus 137 Jahren abgeleiteten Mittel ab. In der mittleren Jahres-Temperatur und in der jährlichen Regenmenge in Paris lassen sich seit 150 bez. 200 Jahren (A.d.H.: Stand 1880) fortschreitende Änderungen nicht erkennen; die mittleren Jahres - Temparaturen von Berlin waren 1735−40=10,7° R; 1806−1818=10,5° R; 1819−48 =10,8° R; 1805−70=10,8° R; 1849−72=10,8° R; [1] die Regenmengen gemessen auf der Terasse der Sternwarte waren in nun: 1689−1717= 502; 1718−47 = 388:

---

1   Anm. d. Hrsg.: Die Temperaturen wurden zu jener Zeit in der 1730 eingeführten Reamur-Skala °R gemessen. Erst 1901 wurden die amtlichen Messungen auf °C umgestellt. Umrechnung: °C = 1,25 * °R. 10,8° R entsprechen somit 13° C. Die durchschnittliche Jahrestemperatur in Berlin wird heute mit 13,4° C angegeben. Der geringe Temperaturunterschied kann durch die heutige Häuserdichte erklärt werden.

1748-88 – 524; 1789–97=424; 1804–1818 = 502; 1819–48 = 511, 1849–75=521.

Durch eine Vergleichung der aus Tycho de Brahes Aufzeichnungen über Bewölkung, Regen, Schnee, Hagel, Windrichtung, Gewitter, Höfe, Nordlichter usw. folgenden Mittelzahlen mit jenen, die aus neueren Beobachtungen sich ergeben (1861-70), ist Paul la Cour zu dem Schluss gelangt, »dass der allgemeine Zustand der Atmosphäre (in Dänemark), bezogen auf denselben Kalender, derselbe war vor beinahe 300 Jahren wie in unseren Tagen.« Dem widerspräche allerdings die von anderer Seite gemachte Beobachtung, nach welcher eine Zunahme der Süd und S.W.-Winde und eine Abnahme der N.E.- und E.-Winde in Kopenhagen nachzuweisen wäre.[2]

Auch daraus, dass das Verbreitungsgebiet gewisser Pflanzen dasselbe geblieben sei, glaubte man rückwärts auf eine Beständigkeit der klimatischen Verhältnisse einzelner Gegenden schließen zu dürfen. Einige hierher gehörige Tatsachen hat Gay-Lussac zusammengestellt. Zu Moses Zeiten reiften in Jericho Datteln und Wein. Da nun in Palermo mit etwas über 13,6° R . die Dattel wächst, aber nicht mehr reift, in Algier mit 14,3° R. die Datteln reifen, so muss Palästina zu Mose's Zeiten eine mittlere Temperatur von 1) nicht unter 14,3° R. gehabt haben.

Da die südlichste Gegend · wo der Weinstock gebaut wird, nach L. von Buch die Insel Ferro mit 16–17° R · ist, in Abuschir in Persien mit 20° R. die Weinstöcke geschützt werden müssen, wenn sie tragen sollen, so muss Palästina zu Mose's Zeiten eine mittlere Temparatur von[3] nicht viel über 16° R. gehabt haben.

Die mittlere Temparatur von Jerusalem beträgt nun 13,6° R., die von Jericho wahrscheinlich ein wenig mehr, — es könn-

---

2   J. Hann, Bericht über die Fortschritte der geogr. Meteorol. in Behm's geogr. Jahrbuch, VI, 10 – VII, 20. 12. Müller, Kosmische Phys., 4· Aufl· S. 510.

3   Müller, Kosrn. Phys. S. 513.

te also das Klima von Palästina seit 3000 Jahren keine bedeutende Änderung erfahren haben. — Von der in Griechenland aus Persien eingeführten Cordia myxa konnten wie zu Theophrast's so auch in unseren Tagen nur in Zypern, nicht südlicher genießbare Früchte gezogen werden. Die Weinlese bei Rom fiel nach Barro in die Zeit vom 21. September bis 23. Oktober und jetzt fällt sie durchschnittlich auf den 2. Oktober. — Für China sucht Biot, für Dänemark Schouw die Unveränderlichkeit des Klimas nachzuweisen.

Unbeschadet der Richtigkeit dieser Beobachtungen lässt sich nun aber doch nicht in Abrede stellen, dass für eine nicht geringe Anzahl von Gegenden teils direkte Zeugnisse, teils Veränderungen des Bestandes und Verbreitungsgebietes einiger Pflanzen uns auf eine in historischen Zeiten eingetretene Modifikation des Klimas hinweisen. Beginnen wir mit denjenigen Angaben, welche auf eine Abnahme der mittleren Jahrestemperatur bzw. der mittleren Sommerwärme hindeuten.

1.2. ABNAHME DER MITTLEREN JAHRESTEMPERATUR IN HISTORISCHEN ZEITEN

In Sibirien, im Tal des Jenissei, ziehen sich nach Middendorf die größeren Bäume mehr und mehr nach Süden zurück, und eine ähnliche Beobachtung ist an den Ufern des Weißen Meeres gemacht worden. Aus Island wachsen jene mächtigen Stämme nicht mehr, deren Überreste man noch in den Sümpfen der Talgründe sieht. Auf den Shetlandinseln hat man in Torfmooren Stämme der Weißtanne gefunden, die heute auf den britischen Inseln und sogar in Skandinavien fehlt, und ähnliche Wahrnehmungen hat man in Lappland, den Orkney- und Fär-Inseln gemacht. In den Hochmooren Schottlands in den Grafschaften Sutherland und Caithneß findet man Überreste von gewaltigen Eichen, Baumstämmen. wie sie jetzt dort nicht mehr gedeihen können.

In England richten verspätete Fröste im Frühjahr bedenkliche Verheerungen an; einzelne wohlbekannte Obstsorten hat man bereits gänzlich aufgegeben zu ziehen und bezieht sie jetzt lieber aus dem Ausland. Dieselben Erfahrungen hat man in Schottland machen müssen. Die früher viel angebaute wohlschmeckende Kochbirne findet man jetzt nur noch selten: Ribsten-.

Pipin- und Nonpareiläpfel sollen an Größe, Geschmack und an Zahl erheblich gegen die frühere Produktion zurückstehen. Viele in Schottland gezogenen Obstgattungen sind nach übereinstimmendem Urteil der Obstgärtner und Obstliebhaber nicht mit dem zu vergleichen, was sie vor 30—50 Jahren gewesen. Der berühmte »Carse of Gowrie«, der noch vor einem halben Jahrhundert so einträglich war, und wo 70 verschiedene Äpfelsorten nebst 36 Birnengattungen als mustergültig gezogen werden, besteht zwar noch, die Obstproduktion hat aber bedeutend nachgelassen. Ähnliches lässt sich von den Clydesdale-Obstgärten sagen. Die Damaszener-Pflaume droht auszusterben, und selbst die gewöhnliche schwarze Schlehdorns und Brombeere zeigt ersichtliche Merkmale von Verfall.

Aus den Jahrbüchern der Kaledonischen Obstzucht-Gesellschaft lässt es sich nachweisen, dass diese seit 1810 Preise auf frei an der Mauer, ohne Beihilfe von Heizungsvorrichtungen gezogene Pfirsiche ausschrieb; diese Preisausschreibungen hörten nach 1837 auf, — die seitdem eingeschickten Pfirsiche sind in Treibhäusern gezogen worden. Ähnliches lässt sich hinsichtlich der Kirsche, Stachelbeere und der in Schottland häufig gezogenen amerikanischen Moosbeere machen. Blüht doch sogar die gemeine Haselnuss anerkanntermaßen nicht mehr so reichlich, wie ehedem.[4]

Glaisher glaubt zwar nach Beobachtungen in Greenwich, welche von 1770 bis 1860 reichen, eine Erhöhung der mittleren

---

4　Nach einem Aufsatz: «Klimatischer Wechsel in England und Schottland» (Chambers Journal) in: Ausland 1874. Nr. 28.

Temperatur in England von 8,72°′ C. auf 9,44° C. nachweisen zu können; für den Januar betrüge die Temperaturerhöhung nicht weniger als 1,66° C. Man muss aber hierbei erwägen, dass durch die Ausdehnung, die Greenwich seit Errichtung des Observatoriums gewonnen hat, ein früher außerhalb der Stadtmauern gelegenes Observatorium innerhalb des Rayons gekommen sein kann, und da die Temperatur innerhalb größerer Städte mit derjenigen außerhalb derselben um ca. 1° C. differiert, (wie sich dies beispielsweise in Karlsruhe ergeben hat), so ließe sich die obige Temperaturerhöhung vielleicht auf diese Weise erklären. —[5]

Die Weinzone erstreckte sich in früheren Jahrhunderten tatsächlich weiter nach Norden und Osten als jetzt. In England wurde die Rede schon zu Beda's Zeiten von den Angelsachsen gezogen, in den Gesetzen Alfreds des Großen geschützt und ihr Gebiet von den Normannen erheblich erweitert. Im Beowulf, also im 7. oder 8. Jahrhundert trinken die Helden Wein, und den Angelsachsen waren die Ausdrücke winberige Weinbeere, winclyster - Weintraube, wingeard = Weinberg, wingeardnen - Weinlese bereits geläufig. Vom 11. bis 13. Jahrhundert trugen die Reben sehr reiche Früchte, die süßesten in der Gegend von Gloster und im Park von Windsor. Alle größeren Abteien im südlichen Landesteil hatten Weinberge, dieselben bedeckten sogar einen Teil des heutigen London.

Auch jenseits der Belte wurde der Rebstock feldmäßig angebaut, und mit dem 13. Jahrhundert nahmen schon päpstliche Briefe die klösterlichen Weinbesitzungen aus Seeland in Schutz, wie denn unter den Untaten eines 1329 gebannten dänischen Geistlichen auch die vorkam, dass er Weinberge besucht habe.

In den Niederlanden wuchsen zur Zeit Karls V. hin und wieder mehrerlei Sorten von Weinreben, in den Hügel- und

---

5   Müller, Kosm. Phys. 510. — Fr. Czerny, Zmiennosc klimatu i jéj przyczyny. Krakau 1877. p. 5.

Berggegenden von Namur und Luxemburg, im Lütticher Land und in Löwen.

Dem heute so rauen Hochland der Eifel, dem Sauerland an den Südhängen der Ruhrberge, sollte sich der Rebstock akklimatisieren, und im Wesergebirge sind die Weinberge bei Raddesdorf im 12. Jahrhundert ein wertvoller Besitz. Im Waldecker Land blühte diese Kultur seit dem 13.Jahrhundert, in Hessen wurde der Weinbau schon von Karl dem Großen sporadisch in Fitzlar begonnen, im 15. und 16. Jahrhundert schon mit solchem Erfolg betrieben, dass angeblich einige Sorten dem Rheinwein oder dem Burgunder an Güte gleich kamen. In Thüringen muss der Weinbau im 15. und 16. Jahrhundert sehr stark und das Gewächs sehr gut gewesen sein. Welch ein Weinbau, und welche Erträge, wenn Pforta schon 1214 als Kaufpreis für Flemmingen 200 Fuder Weins bieten kann! Besonders aber hat Brandenburg und die Niederlausitz in der Vorzeit einen Weinbau und Weinexport gehabt, wie kein anderes Gebiet des Nordens. Rathenow, Brandenburg, Oderberg, Guben, Lübben waren berühmte Weinorte. 1565 bestanden allein bei Berlin und Köln 96 Weinberge, 1594 lieferte ein Weinberg bei Taßdorf 150 Tonnen, Biesenthal und Oderberg mussten jährlich 20 Tonnen weißen und ebensoviel roten Wein an das Joachimsthalsche Gymnasium in Berlin liefern.

Im Ordensland Preußen wurde der Weinbau zu Thorn, Culm, Schwetz, Neuenburg, Mewe, Riesenberg, Marienburg betrieben, ja sogar in Rhein und Rastenburg. Eine Landesordnung des Hochmeisters Siegfried von Feuchtwangen tat der Weinlese 1310 Erwähnung. Das Ordenshaus Thorn gebot 1338 über ein Weinlager von 104 Fass, und die Kreszenz, welche besonders 1363 und 1379, einem berühmten Weinjahr, sehr ausgiebig war, war so gut, dass der Hochmeister zuweilen seine Gäste damit überraschte, so den Lithauer Fürsten Switrigal und den König von Polen. Angeblich soll auch einmal dem Papst durch Winrich von Kniprode ebenso wie 1374 dem König von England ein Präsent damit gemacht worden sein. Im letzten Jahr gewährten die Weinberge des Hochmeisters allein einen Ertrag von 608 Tonnen. Bis über Königsberg hinaus baute man Wein, selbst bei Tilsit wuchs die Rebe, vielleicht sogar in Kurland. Als nämlich der Comthur zu Windau 1417 dem Hochmeister einige Jagdfalken übersandte, stellte er zugleich das Ansuchen: *Wollde JWe Erwerdicheit my noch den schaden uprichten, odder doch ein Bettken Tornsches Wyens davor senden, den ick um JWer Erwerdicheit willen mochte drynken, dat sege ick gerne; wente de Wyn yarlingk hir nicht is gedeyen.*

Diese Daten beweisen wohl zur Genüge, dass die Weinkultur in Norddeutschland keine künstlich am Leben erhaltene, ein kärgliches Dasein fristende gewesen sei. Andererseits hätte man wahrlich nicht Jahrhunderte bedurft, nicht so langjähriger, vieler Opfer und Anstrengungen, um zu der Überzeugung von der Unzulänglichkeit der damaligen klimatischen Bedingungen für die Nebenkultur zu gelangen. Der Betrieb muss jedenfalls gelohnt haben, wie er in manchen der oben erwähnten Gegenden (es sei nochmals an den reichen Ertrag der Weinberge des Hochmeisters erinnert) auch heute noch lohnen würde. Dass die Qualität der Weine nicht durchweg schlecht war, finden wir öfter bezeugt. Im Durchschnitt brachten es die deutschen Weine nicht zu der Güte, wie die südlichen. Manche Pflanzungen waren »Lusts halber« angelegt und wurden erhalten ohne Rücksicht auf gutes oder schlechtes Gewächs. Die Aussagen von urteilsfähigen Männern, die gewiss reichlich Gelegenheit gehabt haben, südliche Weine zu trinken, legen gewissen Sorten der Landweine dieselbe Güte bei wie jenen. Georg Sabinus (geb.1508) zuerkennt dem brandenburger Wein einen besonderen Wohlgeschmack; der Historiker Albinus rühmt gewisse thüringer Sorten, preist gewisse Elbweine als sehr gesunde, vorab die Kolzberger und Zuschwitzer »zumal wenn sie noch in Mosten sind, die da wegen ihrer Lieblichkeit und tawerdhaftigkeit berühmt seynd«. Der Kasseler Wein von 1540 wurde dem Rheinwein gleichge-

14

schätzt, und Landgraf Wilhelm IV. von Hessen stellte sein Gewächs vom Jahre 1571 an Wohlgeschmack über den Frankenwein. Als unter dem Landgrafen Friedrich II. einmal dessen Lieblingswein ausgegangen war, stellte der Kellermeister in der Verlegenheit einen Witzenhäuser Rotwein auf, und der Landgraf fand ihn von besserem Geschmack, als jenen, an den er gewöhnt war. Dieselbe Sorte soll es 1811 noch zu einer auffallenden Ähnlichkeit mit dem Petit-Bourgogne gebracht haben. Nach den Waldeckschen Berichten hat auch der Wildunger des Jahres 1540 den Rheinwein an Güte übertroffen · — Schließlich ist noch zu bedenken, dass, wenn ihre Weine Säuerlinge gewesen wären, die Ordensmeister es mit den Regeln des Ceremoniels und der Gastfreundschaft schwer hätten vereinbaren können, Fürsten und hohen Gästen ihren Landwein zu kredenzen. — [6]

Dass seit ca. einem Jahrhundert (Stand 1880) in verschiedenen Orten Deutschlands, wie Regensburg, Hamburg, Mag, Arnstadt die Winter etwas kälter geworden sind, haben direkte thermometrische Beobachtungen bewiesen, namentlich ist der Dezember kälter geworden, während der Januar nicht unerheblich an Wärme gewonnen hat. — Ein Gleiches stellt sich aus den bis in die Mitte des vorigen Jahrhunderts reichenden Beobachtungen für Lund heraus.[7]

In Norddeutschland haben, nach Grisebach, die Fichtenwälder allmählich den Laubwald zurückgedrängt, und die Erfahrung lehrt, dass sie in diesem Kampf noch jetzt siegreich sind; am westlichen Harz z. B. ist der Buche allgemein die Fichte gefolgt, an einigen Orten haben sich beim Abtrieb der letzteren Überreste von Eichen gezeigt in einem Niveau von

---

6   Die auf den Weinbau in Norddeutschland bezüglichen Daten sind entnommen der Schrift von J· B· Nordhoff, Der vormalige Weinbau in Norddeutschland, Münster, Coppenrath, 1877.

7   Fritsch in der Zeitschrift für Meteorol. von Jelinek, 1867. Hann in Behm's Geogr. Jahrb. VII, 10.

2000 Fuß, d. h. in einer Höhe, in welcher dieser Baum gegenwärtig längst nicht mehr fortkommt.[8]

Auch Frankreich liefert einige Daten, aus denen eine Erniedrigung der mittleren Jahrestemperatur oder doch mindestens der mittleren Sommerwärme gefolgert werden könnte. In der Mitte des 16. Jahrhunderts waren die Weingärten in den 1800 hoch gelegenen Landstrichen im Vivarais ergiebig, wo in unserem 19. Jahrhundert die Rebe überhaupt keine Trauben mehr trägt.

Dies bestätigen nach Fuster's Angabe Besitztitel, welche bis in's Jahr 1561 hinaufreichen. In Paris gewinnt man nicht mehr so guten Wein wie zur Zeit des Kaisers Julian, und die früher geschätzten Weine von Beauvais und Etampes sind jetzt wertlos. Bei Carcassonne ist die Kultur des Ölbaums seit ca. 100 Jahren von $2-2\,^{1}/_{3}$ frz. geographischen Meilen nach Süden zurückgegangen. Auch das Zuckerrohr, das in der Provence eingebürgert war, ist verschwunden, und die Orangenbäume von Hyeres, deren Kultur sich im 16. Jahrhundert bis zum Dorf Cuers erstreckte, kommen jetzt dort nicht mehr vor und werden durch weniger frostige Fruchtbäume, Pfirsiche und Mandeln, ersetzt.[9]

Es ist bekannt, dass Alphons de Candolle den Grund für das Zurückweichen der Nordgrenze der Weinrebe, des Ölbaums und der Orangen lediglich in wirtschaftlichen Veränderungen erblickt, die durch den erleichterten Verkehr bedingt werden[10] und es unterliegt auch keinem Zweifel, dass ein Umschwung der Verkehrsbeziehungen und der Wandel der Kulturverhältnisse sehr viel dazu beigetragen haben, den Weinstock aus so vielen Landschaften auf ein südlicheres Gebiet zu verdrängen. Aber als einzigen Faktor ihn hinzustellen, scheint

---

8   A. Griesebach, Die Vegetation der Erde nach ihrer klimatischen Anordnung Leipzig 1872. I, 157.

9   Reclus-Ule, Die Erde und die Erscheinungen ihrer Oberfläche, Leipzig, Frohberg 1874. II, 294.

10   A. de. Candolle, Géographie botanique raisonnée. Paris 1855. p. 357.

16

nach dem über die frühere Ausbreitung der Weinrebe Gesagten wenig annehmbar; jedenfalls war er es nicht. der die Kulturen an der Weichsel und Memel vernichtete: der Winter 1437 vernichtete dort alle Weinberge von Schweiz bis Thorn, und 1568 wurden sie nach ausdrücklichen Berichten nicht wieder angebaut.

Auch in den Alpen deuten einige Tatsachen auf eine Abnahme der Wärme hin. In Gutannen im Haslital wurde früher Hanf gebaut, eine Kultur, die gegenwärtig wegen zu frühen Schneefalls nicht mehr möglich ist. Sonst bezog man die Engstlenalp mit den Kühen schon am 21. Juni, während dies seit dem Ende des 18. Jahrhunderts erst 8−10 Tage später geschieht; auch die Rückkehr findet einige Tage früher statt als sonst. Dass dagegen in früheren Jahrhunderten die Kultur des Ölbaumes am Genfer See heimisch gewesen sei, ist von Dufour als ein Irrtum nachgewiesen worden.[11]

Aus dem Vordringen vieler Alpengletscher und dem Vereisen mancher Pässe (z. B. des Passes von Wallis nach Grindelwald), aus dem Herabsteigen der oberen Baumgrenze um 100 Meter senkrechter Höhe (nach Kerner), aus den Variationen der Zeit der Weinlese zu Lausanne dagegen kann man mit Sicherheit auf eine Abnahme der Wärme nicht schließen. Denn das Vordringen der Gletscher gestattet höchstens die Annahme einer Vermehrung des Feuchtigkeitsgehalts der Luft, und die Variationen der Zeit der Weinlese können durch die Kulturart, die gepflanzten Traubensorten usw. bedingt sein. Das allmähliche Rückschreiten der höheren Wälder halten manche Botaniker allerdings für die Folge eines in größerer Schroffheit auftretenden Wechsels von Wärme und Kälte im Frühjahr und sehen eine Stütze ihrer Ansicht in der Beobachtung, dass in den ungarischen Steppen gewisse Steppenpflanzen in der Richtung nach Westen vordringen, während man keine entgegengesetzte Bewegung bei einer westlichen Pflanzenart ge-

---

11 Müller, Kosten Phys. 510 ff.

macht hat. Man könnte daraus auf ein Fortschreiten des exzessiven Klimas nach Westen schließen.[12] Mit größerer Wahrscheinlichkeit jedoch kann man als die Ursache des Herabsteigens der oberen Waldgrenze die Sorglosigkeit der Alpenbewohner ansehen, mit der sie die Devastation ihrer Wälder betreiben. Um ihre Weidegründe zu vergrößern, die meist oberhalb der Wälder liegen, werden Bäume niedergehauen, einzelne Waldstrecken niedergebrannt, der Wald also in seiner oberen Grenze angegriffen, der allmählich empordringende junge Nachwuchs aber ist durch die Rinder-, Schaf- und Ziegenherden schonungslos der Vernichtung preisgegeben.

1.3. ZUNAHME DER MITTLEREN JAHRESTEMPERATUR IN HISTORISCHEN ZEITEN

Wenden wir uns nun zu der zweiten Gruppe von Beobachtungen, welche eine Zunahme der Wärme und Abnahme der Niederschläge oder doch eine von der früheren abweichende Verteilung beider, eine zunehmende Wasserarmut konstatieren.

In Schweden haben neuere amtliche Untersuchungen (Stand 1880) in den vier Provinzen Malmöhns, Halland, Göteborg, Upsala den Wassermangel als bestehend, und in drei, Christianstadt, Blekinge, Skaraborg, als nahe bevorstehend festgestellt. Es ist kaum zu bezweifeln, dass diese Verschlechterung der hydrographischen Verhältnisse durch die Ausrottung der Wälder hervorgerufen wurde, besonders Schonen und Westergotland, Halland und das westliche Smaland haben dadurch gelitten. Und obgleich gegenwärtig die Forstwirtschaft Schwedens die Wälder zu schützen beginnt, übersteigt der Verbrauch den Zuwachs im Jahr um über 50 %. Nur in den zwei nördlichen Provinzen, Koppenberg und Gefleborg, ist noch Überfluss an Wald. — In manchen abgeholzten Ge-

---

12   Hann in der Zeitschr. f. Meteorol. von Jelinek. 1867.

genden Schwedens beginnt nach Absjönsen der Frühling um 14 Tage später, als im vergangenen Jahrhundert.[13]

In Deutschland lässt sich, wenn auch nicht allgemein, so doch bei einer großen Anzahl von Flüssen ein tieferes Sinken der Minima und ein höheres Ansteigen der Maxima der Wasserhöhen als erwiesen ansehen[14], ein allmähliches Sinken des Grundwasserspiegels wird in manchen Gegenden und damit eine langsame Zunahme der Trockenheit des Bodens beobachtet.

Letzteres ist auch bei den Ländern des südlichen Russlands nachweisbar, wofür man die Ursache jedoch weniger in der Vernichtung der Wälder, als in lokalen Hebungen und Senkungen zu suchen geneigt ist.[15]

Auch Frankreich liefert zu den hier besprochenen Verhältnissen seinen Beitrag. Gegenwärtig nur noch im Besitz des dritten Teiles seines ehemaligen Waldbestandes, muss es die seit dem Mittelalter zum großen Teil durch eine der Forstkultur nachteilige Gesetzgebung hervorgerufene Abholzung der Gehänge und Ebenen mit jährlichen Überschwemmungen büßen, welche dem Land enormen Schaden zufügen (die vom Jahr 1866 verursachte ihm einen Schaden von über 44 Millionen Franks) und einen Teil ehemals in üppiger Fruchtbarkeit prangender Gegenden in unfruchtbare, tote Wüsteneien verwandelt haben. Die Wüste, welche zwischen den volkreichen Ebenen Piemonts und den Seitentälern des Rhone liegt, ist durch die Art des Holzfällers geschaffen. Von 1471 — 1776 haben die Gemeinden der Hoch- und Niederalpen fast drei Viertel ihrer Kulturländereien verloren. Kein Wunder, dass damit eine rapide Abnahme der Bevölkerung Hand in Hand geht.

Der District le Bocage (Departement Charente Inférieure) leidet seit dem Jahr 1818 häufig an Regenmangel, und in den

---

13 Globus 1878. Bd. 34. Nr. 24.

14 Lorenz von Liburnau, Wald, Klima und Wasser. München, Oldenbourg 1878. S. 265.

15 Russische Revue, herausgegeb. von Carl Röttger. VII. Jahrg. Heft 8·

Brunnen ist oft nur spärlicher Wasservorrat zu finden. Alles lediglich das Werk der Bewohner, welche in jenem Jahre mit der gründlichen »Urbarmachung« der ehemals so waldreichen Gegend begannen.

Seit dem Jahre 1861 nun ist die französische Regierung in richtiger Erkenntnis der schweren Schäden,- welche frühere Generationen der Forstkultur und dadurch dem Grund und Boden zugefügt haben, eifrigst bemüht, endlich gut zu machen, was in vergangenen Jahrhunderten gefrevelt wurde. Seitdem die Wiederbewaldung entblößter Gegenden in den Zentralgebirgen, den Cevennen, Pyrenäen und Alpen systematisch betrieben wird. sind ca. 180.000 Hektar beforstet worden, und es ist zu erwarten, dass in dem Maße, als diese »Kulturarbeit« fortschreitet, auch ein günstiger Einfluss derselben auf die hydrographischen Verhältnisse nicht ausbleiben wird.[16]

Als Typus einer durch Ausrottung der Wälder entstandenen Dürre und Sterilität des Bodens muss das Karstplateau angesehen werden. Diese Fläche war früher mit dichtem Wald bekleidet, namentlich von Eichenbestand. Aus ihm nahmen schon die Römer, auch die alte Republik Venedig, einen Teil ihres Bedarfes an Bau- und Schiffsholz. Nachpflanzungen wurden nicht gemacht, die ihres Baumschmuckes beraubten Flächen wurden vollends dem sicheren Ruin entgegen geführt dadurch, dass sie von den für den Waldanbau so schädlichen Ziegen beweidet wurden. Diese ließen jungen Nachwuchs nicht aufkommen, und den Prozess der Ausdörrung vollendete schließlich die Gewalt der Bora, welche mit zunehmender Entwaldung dort Platz griff und den Humus und die mineralische Erde nach und nach fortwehte, so dass an den meisten Stellen der nackte Fels zu Tage trat. Die Bora ist, wie der Mistral, jedenfalls eine Errungenschaft der letzten Jahrhunderte; bestätigt könnte man diese Vermutung finden in dem völligen

---

16   Reclus-Ule, I, 255· —- Müller, Kosm. Physik. S. 715—717. Aukland 1879. Nr.3.

20

Schweigen der alten Autoren über dieses merkwürdige Phänomen, obgleich wir von ihnen vielfältige Beschreibungen jener Gegenden haben und sie bei der Aufmerksamkeit, die sie allen bedeutenden Naturereignissen widmen, und der Sorgfalt ihrer Angaben dieser außerordentlichen Erscheinung Erwähnung getan haben würden.[17]

Die ehemals so reich gesegneten Länder des Mittelmeeres, von den Säulen des Herkules bis nach Syrien und Palästina, das weite Gebiet zwischen Hellespont und Aralsee, Persien und Mesopotamien, — sie alle sind in historischen Zeiten durch Verminderung wässriger Niederschläge, durch anhaltende Dürre und Trockenheit verödet, mögen wir den Grund hierfür nun in der Vernachlässigung ehemals bestandener Bewässerungswerke oder in dem Umstand sehen, dass an Stelle der ausgedehnten Waldflächen mit ihrem kühlen, feuchten Boden heiße, durstige Landschaften getreten sind.

Dalmatien ist jetzt im Vergleich zu den Zeiten des Altertums eine schattenlose Wüste. In welchem Maße in Spanien, zumal in der mittleren und südlichen Zone, Dürre und Trockenheit überhand genommen haben, dürfte zur Genüge bekannt sein. Der Wasserstand das Tajo ist ein niedrigerer denn früher; die Schiffbarkeit des Flusses begann ehemals bei Toledo, jetzt bedeutend weiter unterhalb. Der Guadalquivir war früher bis Cordoba schiffbar, jetzt reicht die Schiffbarkeit nur bis Sevilla. Das Klima von Madrid (die Stadt kommt 930 zuerst unter dem Namen Majerit vor, das im Arabischen bedeuten soll: ein Strom frischer Luft; noch 1582 war sie von Wäldern umgeben, in denen Eber und Bären hausten), zu Karls V. Zeiten als sehr angenehm gepriesen, ist jetzt nach bedeutenden in

---

17 Die Neue freie Presse vom 19. Juli 1877 brachte unter «Laibach» einen Artikel, der die entschiedene Devastierung der Wälder dieser Gegend beklagte, deren Ursache zunächst in dem Umstand zu suchen sei, dass die Loheerzeugung im Wippachtal das ihrige zur Vernichtung der Wälder beitrage, und die Ziegenzucht, die in Innerkrain stark betrieben wird, die Karstbewaldung, der auch die Bora alle möglichen Hindernisse bereitet, nicht aufkommen lasse. — Kutzen, das deutsche Land I, 98 ff. — Franz Titzenthaler, Das österreichische Herzogtum Krain, in: Unsere Zeit XII, I,· 853 ff.

der Umgebung der Stadt vorgenommenen Entwaldungen ein exzessives und ungesundes geworden, nach spanischem Ausdruck: drei Monate Winter und neun Monate Hölle. Das Mittel der Sterblichkeit ist 1 von 28.[18] Das unproduktive Land in Spanien hat die respektable Höhe von ca. 40 %. des gesamten Areals erreicht.

Ähnliches wie das über Spanien Gesagte gilt von der italienischen Halbinsel. Große Flächen einst trefflich bebauten Bodens sind zur dürren Steppe herabgesunken und gehören zu den verödetsten und vernachlässigsten der ganzen Halbinsel. Dies gilt ebenso sehr für einen Teil der sonst so fruchtbaren kampanischen Ebene, als für den südlichen Teil des Plateaus von Toscana. An der Stelle, wo die Rosengärten von Pästum in Groß-Griechenland mit ihren rosis biflorentibus und üppige Getreidefelder das Auge entzückten, dehnen sich jetzt dürres Gras und Disteln tragende Ödgründe hin. Schonungslose Entwaldung und der durch viele Jahrhunderte betriebene Raubbau, die Agricultura vampiro, haben die meisten Öden in Italien hervorgerufen. Der Apennin, der im Altertum mit einem starkborstigen Eber verglichen wurde, befindet sich augenblicklich im Zustand völliger Verkarstung, und wie in Frankreich mögen erst die verheerenden Überschwemrnungen, z. B. der Tiber, welcher die Nera und die Teverone im Frühjahr gewaltige Wassermassen zuführen, die Regierung die Notwendigkeit der Bewaldung der kahlen Gehänge haben einsehen lassen. Leider sind die Resultate hier, wie beiläufig erwähnt werden mag, weniger günstig als in Frankreich. Der Kleingrundbesitzer zieht es durchweg vor, da die Waldkultur ja erst nach Jahrzehnten die Mühe und Arbeit lohnt, seinen Besitz als Weidegrund zu verpachten. Er denkt rationeller als die alten Etrusker, Römer. Sabiner, welche ihre Wälder als Heiligtümer

---

18 Reclus, Nouvelle géographie universelle. I, 690. 683. — v. Klöden, Handbuch der Erdkunde. Berlin. Weidmann 1873—77. III. (1877) S. 1094.

hielten, besonders wegen ihres günstigen Einflusses auf das Klima einer Gegend.[19]

Auch für Sizilien lassen neuere Untersuchungen eine Zunahme der Trockenheit leider als gewiss erscheinen. Auf Grund von Zeugnissen der Schriftsteller ist der Beweis erbracht, dass in Sizilien seit dem Altertum, noch mehr aber seit dem Mittelalter, eine Abnahme der fließenden Gewässer stattgefunden haben muss. Von zahlreichen Flüssen, die heute ganz unbedeutend sind und zum Teil im Sommer völlig versiegen, ist namentlich aus arabischen Quellen nachgewiesen, dass sie im Mittelalter entweder wasserreicher oder gar schiffbar waren. Nach den älteren Aufzeichnungen Gemmelaros, verglichen mit denen der letzten Jahre (Stand 1880), hat die Zahl der Regentage abgenommen. Vor 50 Jahren kamen auf April bis September zu Catania 18 Regentage, während man jetzt nur noch 9 zählt; die Zahl der heiteren Tage ist von 174 auf 230 gestiegen.[20]

Griechenland ist zwar in einzelnen Teilen schon im Altertum wasserarm gewesen. Argos wird schon bei Homer das durstende genannt; die uralte Einrichtung der Skirophorien und Hersephorien, der Mythus von Phrirus und Helle, von Danaos und seinen 50 Töchtern, die Anlage von Zisternen, wie in Larissa und Argos, von Wasserleitungen, wie in Megara, Theben, Athen, Chalkis, lassen sich nur durch eine schon damals herrschende Wasserarmut erklaren. Man wird alle diese Tatsachen anerkennen und sich doch nicht der Einsicht verschließen dürfen, dass der Prozess der Austrocknung des Bodens, der Abnahme der atmosphärischen Feuchtigkeit seit jenen Zeiten sich auch auf andere Gegenden des Landes ausgedehnt hat. So ist die Hochebene von Tripolitza, das Hochland in Achaja nackter und quellenarmer geworden, die Bäche gleichen nur noch Wasserrinnen. Pausanias erwähnt den Fang

---

19   Ausland, 1879. Nr. 3.

20   J. Hann in Behm's Geogr. Jahrh. VII, 1878. S.23—25.

von Schildkröten in den Bergen des Binnenlandes. Aber weder auf dem Parthenion, noch auf dem Schildkrötenberg Chelydonea werden sie jetzt mehr gefunden, höchst wahrscheinlich, weil die Gegenden im Laufe der Jahre wasserärmer geworden sind.[21]

In Bezug auf Klein-Asien sind wir, was die hier angeregten Verhältnisse anbetrifft, zwar weniger genau unterrichtet, dürfen aber wohl mit gutem Grunde uns auch dieses Land in weit hinter uns liegenden Epochen, als weniger dürres und trockenes denken. Tchihatcheff weist nach, dass große Strecken selbst des inneren Hochlandes einst von dichten Wäldern bedeckt waren, und dass seit dem 12. Jahrhundert hier die Hirtenvölker gewütet haben. Er schließt, dass das Klima Klein-Asiens seit dem Altertum wärmer, trockenen extremer geworden sei. Dafür würde auch die neuerdings beobachtete Wasserabnahme im Kydnus sprechen. Der Hauptarm des Flusses führt setzt bei Tarsus so wenig Wasser, dass man schwer begreift, wie die Galeeren Kleopatras bis zu diesem Punkt hinausfahren konnten.

Nach Xenophon maß er bei Tarsus noch 200', Beaufort gibt ihm an der Mündung noch eine Breite von 160', und augenblicklich erreicht er diese Breite bei weitem nicht. In der Umgebung des alten Lamos, an der Mündung des gleichnamigen Flusses, zieht sich etwa 15 Kilometer bis nach Gorigkos eine wüste, dürre Einöde hin, ohne Wasser, ohne Pflanzenwuchs, ohne menschliche Wohnstätten. Noch im Mittelalter war das jetzt so verlassene Land von grünen Wäldern beschattet, und die fast ohne Unterbrechung auf einander folgenden Ruinen von Kirchen, Kapellen, Klöstern, Wasserleitungen, Wachttürmen und Schlössern sind die stummen Zeugen des einst reichen Lebens auf diesen jetzt so öden Fluren.[22]

---

21   Unger, Wissenschaftliche Ergebnisse einer Reise in Griechenland und in den ionischen Inseln. Wien 1862. S. 187 ff. — Curtius, Peloponnes I, 233, 406, 157.

22   Theobald Fischer, Studien über das Klima der Mittelmeerländer, Ergänzungsheft Nr. 58 zu Petermann's Mitteilungen, S. 42 — C. Favre's und B. Mandrot's Reisen in Kilikien

Fallmerayer war der Ansicht, dass Griechenland durch die Umwandlung in seinen klimatischen Verhältnissen physisch abgelebt sei und nie wieder in den Kreis abendländischer Gesittung gezogen werden könnte, und E. Fraas dehnte dies auch auf andere alte Kulturländer. auf Persien, Klein-Asien, Syrien und Ägypten aus. Er meint, »dass die gewaltige Woge der Zivilisation, die sich vom Osten nach dem Westen wälzt, eine Einöde hinter sich gelassen habe, aus der keine Frucht der Natur und Humanität zur Reife gelangen könne.« Für Griechenland wenigstens und Sizilien, das auch unter die abgewirtschafteten Länder gerechnet wurde, ist das Nicht-Stichhaltige jener Ansicht bereits erwiesen durch den wirtschaftlichen Aufschwung, der in beiden Ländern konstatiert ist, in Sizilien ungefähr mit dem Jahre 1860, in Griechenland, seitdem es der Jammerwirtschaft der Türken entrissen wurde, und wahrscheinlich wäre ein Gleiches für Klein-Asien zu erhoffen, wenn es von der türkischen Verwaltung befreit würde.[23]

In weit bedeutenderem Umfang, als in den bisher erwähnten Ländern macht sich eine Zunahme der Trockenheit in historischen Zeiten, zum Teil aus der jüngsten Vergangenheit datierend, in dem subtropischen Regengebiet geltend, und zwar ist diese Abnahme der Niederschläge speziell vom 34. Parallel an nachzuweisen, im südlichen Mittelmeergebiet, in Palästina, Mesopotamien Persien, den Vereinigten Staaten, in Süd-Afrika. Es ist das Gebiet der Winterregen mit einem Maximum im Dezember, während die Sommer regenarm sind.

In Chile, dessen Regen auch subtropischen Charakter tragen, ist eine solche Klimaänderung bisher nicht beobachtet worden; die Ostküsten der Festländer, auch wenn sie zwischen dem 28. und 40.° liegen, gehören im Allgemeinen dem subtropischen Regengürtel nicht an, so der östliche Teil der Vereinigten Staaten, welcher Sommerregen hat in Folge einer

---

1874, in: Globus 1878. Nr. 18.

23 Vergl. hierüber noch Unger, Wissenschaftl. Ergebnisse u.s.w. S. 187 ff. — Victor Hehn, Kulturpflanzen und Hausthiere u. s.w. Berlin 1870. S. 3—10.

Art von Monsunwinden, die aus dem mexikanischen Meerbusen heraufwehen, und China, das ebenfalls Sommer-Monsunregen hat. [24]

Es mögen nun die oben angedeuteten Beobachtungen von Klimaänderung, zunächst von Palästina, einer genaueren Besprechung unterzogen werden. Die Worte der Bibel: »Ein Land, da Brunnen und Seen inne sind, die an den Bergen und an den Auen fließen« — treffen für das heutige Palästina nicht mehr ganz zu. Die großen Weideflächen, die wir für die zahlreichen Herden der ehemaligen Bewohner annehmen müssen, die ausgedehnten Wälder, welche uns mosaische Gesetze im heiligen Land voraussehen lassen, sie alle sind verschwunden, im Wüstensand untergegangen. Nur in dem tiefen Tal, in welchem der Jordan seine gelblichen Fluten dahintreibt, hat die Lebenswelle eine üppige Vegetation hervorgerufen. Die ehemalige Fruchtbarkeit Palästina's, die noch Josephus so rühmt, und die so groß war, dass jedes sechste Jahr den Bedarf von zwei Jahren trug, war auch der Grund der ungewöhnlich günstigen Bevölkerungsverhältnisse. Josephus berichtet, dass es in Galiläa 204 Städte gegeben habe, von denen die kleinste (wohl mit ihrem Umkreis) über 15 000 Einwohner zählte. Dies ergäbe, als Durchschnitt 20.000 genommen, 4.080.000 E. auf ca. 90 bis 100 Quadratmeilen, also über 40.000 auf eine Quadratmeile, eine Bevölkerungsdichtigkeit, die wir heute nur in den fruchtbarsten Distrikten China's antreffen. Unter Hadrian konnten nicht weniger als 985 Flecken zerstört werden. Jetzt ist das ganze Land unglaublich entvölkert, nicht selten gehen die Ernten durch Dürre verloren (was allerdings hin und wieder auch im Altertum vorkam), Flüsse und Quellen versiegen, wie denn auch der Jordan an Wassermasse abgenommen haben soll. Es ist erfüllt, was geschrieben steht 5. Mos. 28, 23: »Dein Himmel wird ehern sein und dein Boden unter dir eisern«.

---

24 Vergl.: Ueber Klimaänderungen an der Äquatorialgrenze der subtropischen Zone, in: Ausland 1877. Nr.45. — Theobald Fischer, Studien u. s. w. S. 41—46.

26

Die Gelehrten des Palestine Exploration Fund und Joseph Cernik, der im Winter 1872—73 das nördliche Syrien und die Gebiete am mittleren Euphrat und Tigris für Eisenbahnzwecke durchforschte, haben ebenfalls Beweise für eine Klimaänderung beigebracht. Palmyra, vor der Zerstörung durch Aurelian als eine Stadt von mehreren 100.000 E., wird von Plinius als wasserreich und fruchtbar gerühmt, ebenso von Procop; arabische Schriftsteller des 10. und 12. Jahrhunderts sprechen von fließenden Gewässern, Obstbäumen und Ackerfeldern. Wood fand um die Mitte des vorigen Jahrhunderts dort nur noch zwei dürftige Wasserfäden, die heißes Schwefelwasser enthielten, die nachfolgenden Reisenden erwähnen nur noch die Wasserarmut der Gegend. Cerniks Beobachtungen lassen eine Zunahme der Trockenheit hier als sicher erscheinen. Hatte sich ihm schon auf der kleinen Beka'a am Nahr el Kebir, nordöstlich von Tarâbulus, die Überzeugung aufgedrängt, dass das Plateau zweifelsohne bessere Tage gehabt, die vielleicht in nicht gar zu ferner Vergangenheit zu suchen sind, da allenthalben massive Ölpressen aus Basaltplatten gefunden wurden, während menschliche Wohnungen die ganze Tagereise hindurch nicht zu sehen waren, so mussten die Beobachtungen auf dem weiteren Verlauf seiner Reise ihn in dieser Ansicht auch für weiter östlich liegende Striche bestärken. Die wenigen Quellen, die die Expedition zwischen dem Tal des El Asy bei Homs und dem Euphrat bei Deir fand, waren selbst in der Regenzeit ungenießbar, wohl aber stieß die Expedition noch vor Ef Ferklus auf größere Ruinenkomplexe, Es-Sebil genannt, die einst einer nicht unbedeutenden Niederlassung angehört zu haben schienen.

Das ganze Terrain zeigt Spuren von Kulturgrenzen, und zwischen Es Fir und Ef Ferklus, in der heutigen ausgesprochenen Wüste, stieß Cernik auf mehr als zwanzig gewaltige Ölpressen aus schweren Basaltplatten, ein Gestein, das in dieser Gegend sonst nicht vorkommt. Dabei sei aber bemerkt, dass an all diesen Gehängen, wie in den benachbarten Gebieten, kein einziger Ölbaum anzutreffen ist. Es unterliegt aber keinem Zweifel, dass die Gegend von Homs bis Tédmur, die devastierten Höhen und Gehänge und die wasserarmen Schluchten, sich früher einer bedeutenden Kultur erfreuten. Bei Ferklus selbst befinden sich zahlreiche gemauerte Terrassen, die doch zweifellos seiner Zeit ihren leicht erklärlichen Zweck gehabt haben müssen, und heute muss man dort seinen Durst mit einem widerlichen Pfützenwasser stillen. Die Sache wird noch schlimmer. Von Es Ferklus bis Tédmur sind volle 24 Stunden Weges, ohne dass man nur auf einen Tropfen Wasser stieße, und dennoch begegnet man auch hier allenthalben Ruinen, Terrassen und baulichen Fragmenten.

Tédmur hat jetzt 800 Bewohner, südlich und südwestlich liegt ein Palmengarten und Durrahpflanzungen, bewässert von einem kleinen Quell. wenn auch dieser einst versiegt, so versiegen mit ihm die spärlichen Spuren des Lebens.[25]

Ein frappantes Beispiel von Austrocknung ist das allmähliche Verschwinden des Hamunsees in Persien. In seinem südlichen Teile ist er heute fast gänzlich ausgetrocknet. Bellew, welcher 1872 in den Ländern zwischen Indus und Tigris reiste, will eine Auflösung des Sees in drei unbedeutende Wasserflächen, den See von Furrah-Rud, den See des Hilmend und den Zirrah-Sumpf, beobachtet haben.[26]

Ähnlichen Verhältnissen begegnen wir in dem Landstrich zwischen Palästina und dem Sinai. In diesen Gegenden, die heute zum großen Teil von der Wüste Et Tih eingenommen sind, lebte Israel mit seinen 600.000 Mann Streitern, mit Weibern, Kindern, Ochsen. Eseln und Schafen Jahre lang.

Heute kann nur der an Entbehrungen gewöhnte Beduine in diesem Land existieren; ungefähr 4000 Araber finden dort ihren Unterhalt, in ewigem Streit untereinander um die weni-

---

25   Cernik's technische Studien-Expedition durch die Gebiete des Euphrat und Tigris, Ergänzungsheft Nr. 44 zu Petermanws Mittheilungen, S. 3. 8.

26   Bellems Reise vom Indus zum Tigris. Ausland 1874. Nr.3.

28

gen Quellen und Weideplätze. Und doch welch' ausgedehnte Weiden müssen hier gewesen sein, wenn man erwägt, dass die Kriegsbeute von Midian nach dem Sieg der Juden, der wahrscheinlich in Wadi Feirah erfochten wurde, 72.000 Rinder betrug! Jetzt findet man dort nicht einmal ein Araberdorf, und das Wasser der Mosesquelle würde für die anzunehmende Bevölkerung, geschweige denn für einen Viehstand, kaum einen Tag genügen.

Die Quelle am Berg der Gesetzgebung in Sinai, die die Ismaeliten so lange tränkte, würde jetzt kaum für 2000 Mann täglich reichen. Palmer und Tyrwhit Drake, welche 1869/70 im Auftrag der Pulesteine Exploration Fund diese Gegenden durchforschten, fanden dort die volle Wüste, aber häufiger Spuren ehemaliger Kultur: vertrocknete Brunnen, Terrassen mit Spuren ehemaliger Rebkultur, Ruinen von Städten aus christlicher Zeit. Noch heute lebt die Erinnerung an die ehemalige Fruchtbarkeit mancher jetzt im Wüstensand begrabener Gegenden unter den dortigen Bewohnern fort: das wasserlose Wadi Hanein nennen sie das Tal der Gärten, einen anderen Strich ieleilat-el-anab, Rebenhügel. · Petra, einst ein wichtiger Knotenpunkt für den Handel zwischen Arabien und Syrien, war zur Römerzeit eine Stadt von 40.000 E., an einem Fluss gelegen, den Plinius und Strabo erwähnen; von dreien der Brücken, die einst über ihn führten, sind noch jetzt die Trümmer zu sehen.

Für eine geringere Ausdehnung der Wüste in diesen Gegenden noch zu Moses Zeiten dürfte auch der Umstand sprechen, dass im 10. Gebot ausdrücklich der Ochs und der Esel als Haustier der Israeliten genannt werden, vom Kamel, das neben dem Schaf das einzige Haustier ist, welches das Leben im Sinai ertragen kann, nirgends die Rede ist. Es waren also Reisen ohne dieses Tier noch möglich. Seit jenen Zeiten aber müssen hier tiefgreifende klimatische Änderungen vor sich gegangen sein.[27]

Auch für Ägypten berechtigen mancherlei Beobachtungen zu dem Schluss, dass in historischer Zeit hier eine Klimaänderung vor sich gegangen sei. Zwar, wenn man aus dem Fehlen von Darstellungen des Kamels in den altägyptischen Gemälden und Skulpturen schließen wollte, dass dieses jetzt so verbreitete Haustier Ägyptens damals in diesem Land noch nicht bekannt gewesen sei, weil eben damals noch keine Wüste vorhanden gewesen sei, so ist doch zu beachten, dass nach 1.Mos. 11, 16 Abram von dem ägyptischen König Kamele zum Geschenk bekam. Ferner ist entgegen zu halten, dass andere Haustiere, wie z. B. Hühner nie, die so außerordentlich häusigen Tauben sehr selten, während Gänse häufig abgebildet sind. Dagegen wird gewiss Jeder mit Fraas übereinstimmen, wenn er sagt: »Prachtbauten setzt man in keine Wüste abseits: Tausende von Wänden bedeckt man nicht über und über mit Skulpturen, dass sie ungesehen in Grabesnacht bleiben, sondern dass man die Schrift liest und die Kunstwerke sieht. Die Reste des ältesten und alten Ägyptens reden so laut von dem veränderten Klima der Nilländer, als das Geröll in den Wadis der libyschen Wüste von Wasserfluten Zeugnis gibt, ob auch heute jahraus, jahrein kein Tropfen mehr fließt.« Auch Klunzinger ist zu derselben Anschauung gelangt wie Fraas. Er stützt sich dabei auf die Art der Entstehung der sog. Scherm, der Lücken in den längs der Küste des Roten Meeres sich hinziehenden Korallenriffen. Derartige Lücken entstehen aber nur dadurch, dass einströmendes Süßwasser die Korallen tötet oder am Bau hindert. Die setzt an diesen Stellen mündenden Süßwasserbäche vermögen aber kaum diese Lücken offen zu erhalten. Dazu bedurfte es seiner Zeit andauernd einströmenden Süßwassers, wie man es auch aus den Anschwemmungen, Geröllanhäufungen und Auswaschungen in den Felsen anneh-

---

27   Oscar Fraas, Der Berg Sinai. Eine Schilderung aus eigener Anschauung, Ausland 1873, S. 953. — Th. Fischer, Studien u. s. w. S. 43.

men darf. Augenblicklich erreicht etwa ein Mal im Jahre wenige Tage lang ein Bach das Rote Meer.

Um die Mitte des vorigen Jahrhunderts gab es in Oberägypten noch ziemlich häufig Regen; seitdem aber die Araber die Bäume auf den das Niltal umsäumenden Bergen niedergehauen haben, haben die Regen aufgehört und die Wiesen sind verdorrt.[28]

Gehen wir weiter nach Westen am Nordrand von Afrika entlang, so können wir zunächst für Barka eine Wasserabnahme seit dem Altertum konstatieren. Die Apolloquelle in Kyrene und der einst so wasserreiche Aziris oder Palinurus, der jetzige Wadi Temmimeh, sind jetzt bei weitem weniger reichlich fließend gefunden worden. Nach Barth bildete sein Bett selbst in der Regenzeit nur unzusammenhängende grüne Lachen, und Pacho sah ihn Anfangs Dezember völlig trocken. Auch Rohlfs gewann den Eindruck, dass diese Gegend seit dem Altertum weit trockener geworden sein müsse. Dasselbe glaubt Ascherson von den Oasen der Libyschen Wüste, wenigstens von Beharteh, schließen zu müssen.

Auch in der Sahara lassen sich für eine in historischer Zeit bemerkbare Zunahme der Austrocknung des Bodens und weitere Ausdehnung der Wüste mehrfache Belege beibringen.

Der Chott es Selam in der algerischen Sahara war zur Zeit der Eroberung des Landes durch die Araber noch mit Wasser bedeckt. Seitdem ist er ausgetrocknet, und wie die Araber Henry Duveyrier versicherten, seit wenigstens 100 Jahren nicht mehr gefüllt gewesen. Ja der Oase Hodna hat man in .bisher fast völlig wasserloser Gegend Ruinen von Ortschaften, Reservoiren, Dämmen und Wasserbauten aus römischer Zeit gefunden; die Flüsse von Marokko, im Altertum als wasser-

---

28 Oscar Fraas, Aus dem Orient. Geologische Beobachtungen am Nil, auf der Sinai-Halbinsel und in Syrien. Stuttgart 1867. S. 215. — Th. Fischer, Studien, S. 43. — Müller, Kosmische Physik. S. 716.

reich und schiffbar genannt, versiegen nach Beaumier jetzt im Sommer fast gänzlich.

Für eine in früherer Zeit weniger intensive Wüstenbildung spricht ferner die späte Einführung des Kamels, sowie das Aussterben großer Säugetiere in Nord-Afrika. Das Kamel wurde in dem westlich von Ägypten gelegenen Nordafrika erst um das erste Jahrhundert unserer Zeitrechnung eingeführt. Wäre es früher dort von wesentlichem Nutzen gewesen, so hätten die Phönizier, die dem Mutterland des Kamels so nahe wohnten, und deren Nachbars-, die Hebräer, schon in früher Zeit große Kamelherden hatten, jedenfalls, da sie den Nutzen dieses Tieres bei ihrem Karawanenhandel kennen gelernt hatten, dasselbe viel früher in ihre karthagische Kolonie eingeführt. Man konnte eben damals die Reisen durch die Wüste noch ohne dieses Tier machen. Die Garamanten, die Bewohner der Oase Fezzan, benützten bei ihren Raubzügen noch Wagen mit Pferden; auf Zugkarren brachten die Nomaden Afrikas ihre Habe fort.[29] Auch die im ersten Jahrhundert n. Chr. nach dem Land Agesymba (Oase Air?) unternommene Expedition des Julianus Maternus wurde höchst wahrscheinlich noch ohne Kamel unternommen. Polybius erwähnt es noch nicht, der doch die Elefanten der Karthager erwähnt; als etwas Auffallendes wird dann berichtet, dass Cäsar vor Juba 22 Kamele erbeutete; im 4. Jahrhundert waren sie in Tripolitanien bereits in großer Menge vorhanden.

Aus Herodot und Plinius wissen wir[30], dass im südlichen Atlasgebiet, und namentlich in Marokko, wilde Elefanten in großen Herden vorhanden gewesen seien. Ihre zahlreichen Kriegselefanten fingen die Karthager aus ihrem Hinterland ein. Die Rollen sind getauscht. Das Atlasgebiet ist jetzt ein Land des Kamels, nicht der Elefanten, wie noch heute die Ver-

---

29 Herodot IV, 170. 183. — Plinius V, 2.

30 Herodot III, 97. IV, 191. — Plinius V, 1. VIII, II.

breitung des Elefanten in Asien und Afrika die Verbreitung des Kamels ausschließt.

Auch Krokodile kamen im Altertum in den Flüssen Nord-Afrikas vor.[31] Im Wed-el-Djedi, im nördlichen Mauretanien, hat Aucapitaine ihr Vorkommen noch jetzt nachgewiesen, und Edwin von Bary hat ein Gleiches für das unbewohnte Tal Mihero auf dem Plateau von Tassili wenigstens höchst wahrscheinlich gemacht. Auch Vitruv erwähnt der Krokodile in Mauretanien. Aus den Skulpturen, die kürzlich durch Rabbi Mardochai im südwestlichen Marokko entdeckt worden sind, sind neben dem Strauß und dem Pferd, die heute noch vorkommen, auch Elefanten, Rhinozeronten, Giraffen dargestellt. Die Art der Darstellung ist zwar roh, lässt aber deutlich erkennen, dass der Künstler diese Tiere vor Augen gehabt haben muss. Wenn also diese Tiere einstmals über einen größeren Teil von NordAfrika verbreitet waren als setzt, so müssen wir in den jetzt von ihnen verlassenen Gebieten dieselben klimatischen Verhältnisse für frühere Zeiten annehmen, als sie in ihren augenblicklichen Verbreitungsbezirken herrschen.

In der zur Römerzeit so fruchtbaren Gegend südlich von Constantine herrscht jetzt große Trockenheit, und zwar ungefähr seit dem Anfang des 8. Jahrhunderts, als die Araber das Land eroberten. Um ihre Weidegründe zu erweitern, brannten sie die Wälder nieder, die Folgen waren Entwässerung und Entfruchtung. Seit der Eroberung Algiers durch die Franzosen hat die durchschnittliche Regenmenge stetig abgenommen. Von 1838−50 überstieg in Algerien jener Durchschnitt 800 nun; von 1850−62 betrug er nur noch 770 mm und von 1862-−76 nur noch 639 mm. In diesem Jahr blieb er tief darunter. In der Provinz Constantine versiegen Quellen und Brunnen, Bäche, in denen es sonst nie an Wasser gefehlt hat, sind ausgetrocknet.

---

31   Herodot IV, 192.

Der Notschrei nach Wasser erhebt sich von Tunis bis an das Auresgebirge. Um dem Boden möglichst lohnende Ernten abzugewinnen, verbrannten sie den Rest der Wälder; die Folge war, dass die Regen seltener wurden, mehr in Wolkenbrüchen herabstürzten, die Fruchterde zerrissen und entführten In den höchsten Gebirgen sind die Wälder nur noch teilweise erhalten, im Dschebel Dscherdschera sind sie fast völlig verschwunden, während nach Ibn Khaldun in der zweiten Hälfte des 14. Jahrhunderts die Gebirge Kabyliens so bewaldet waren, dass der Reisende darin den Weg verlor.[32]

Auch für den Westen der Vereinigten Staaten ist in historischer Zeit eine bedeutende Zunahme der Trockenheit konstatiert worden. Amerika hat außer den großen Wüsten der Vorzeit eine Anzahl kleiner, stetig zunehmender Sandöden, die seit der Ankunft der Weißen datieren. Ein arabisches

Sprichwort sagt: In der Fußstapfe eines Türken wächst kein Gras. Man wäre versucht, dieses Sprichwort auch auf die Spanier anzuwenden. Sie haben ein Talent, reiche, fruchtbare Länder in kürzester Zeit auf ein in wirtschaftlicher wie geistiger Beziehung möglichst niedriges Niveau herunterzudrücken. »Weite Landstrecken am Fuße der Anden und in den Küstengebirgen von Granada und Venezuela, die unter der Herrschaft der indianischen Fürsten wie die Gärten der Hesperiden blühten, sind jetzt so öde, wie die Hügel von Alt-Kastilien und das Hochtal von Mexiko, dessen Pflanzenprodukte einst denen der westindischen Inseln den Rang streitig machten, würde ohne den Reichtum seiner Bergwerke jetzt kaum seine dürftige Bevölkerung ernähren können. Texas wurde ihrer Herrschaft noch zur rechten Zeit entrissen; aber die paar Jahrzehnte ihrer Anwesenheit am Rio Grande und im Tal des San Antonioflusses genügten, um diese Gegenden dem ewigen Brot- und Wassermangel zu weihen, und Kuba ist dem Schicksal gänzlicher Entvölkerung nur durch die Naturvorteile ent-

---

32   Th. Fischer, Studien u. s. w.· S.43—45.· Rundschau für Geogr. n Stat II, S.129

gangen, durch welche sie Waldreichtum und Gebirgshöhe mit den klimatischen Privilegien einer langgestreckten Insel vereinigt.

Das Land vertrocknet. Elf Mal seit 1850 wurde der Süden, d. h. der Landstrich zwischen dem Potomac und dem Rio Grande von Sommerdürre heimgesucht, die 1855, 1859 und 1875 die Bewohner mit einer allgemeinen Hungersnot bedrohten und die Wasserhöhe mehrerer südlichen Flüsse dauernd um mehrere Zoll verminderten.

Der Staat Kentucky, den Oberst Boone als ein Wald- und Jägerparadies schilderte, enthält jetzt Regionen, die von Wassermangel wie von einer chronischen Krankheit geplagt werden, wie aus der Tatsache hervorgeht, dass die ehemals wohlhabenden Herdenbesitzer weiter und weiter ins Gebirge, in die Cumberland Mountains, herausziehen müssen, da die Quellen und Bäche der Ebene der Reihe nach vertrocknen, und die an Baumschatten gewöhnte Pferderasse auf den dürren Hügeln entartet.

Die Heuschreckenschwärme, die früher nur die Hochebenen des Westens heimsuchten, haben sich jetzt auch diesseits des Mississippi eingestellt, als ominöse Vorboten der Wüste in einem Land, das noch vor 100 Jahren das waldreichste war.[33]

In Sonora und Arizona hatten die alten Mexikaner und die ersten Spanier bedeutende Landstriche durch ein ausgedehntes Wasserleitungssystem der Kultur wiedergewonnen. die sonst verödet geblieben wären. Oberhalb des Zusammenflusses des Rio Verdo und Salado findet man Ruinen von Städten und unterhalb des Zusammenflusses begegnet man den Überresten von Wasserleitungen mit Mauern von über 6 Meter Höhe. Heute ist dieses Uferland eine öde Sandebene.

Diese Öden sind ohne Zweifel zum größten Teil in Folge der verwüstenden Eingriffe in den vormals so reichen Waldbestand, zum Teil durch sinnlose Ausnutzung des Bodens und

---

33 Felix H. Oswald, Die Wüsten der neuen Welt. in: Ausland 1878. Nr. 49.

frevelhafte Bewirtschaftung entstanden; nachdem erst einmal Lichtungen und Blößen geschaffen waren, so mochten sie auch für andere, daneben in bester Kultur gehaltene Strecken unheil- lund verhängnisvoll werden.[34]

Der Verbrauch an Holz ist ein enormer, fast 8 Millionen Morgen werden jährlich entwaldet, in den letzten 50 Jahren sind in den 13 Altstaaten der Union 85.000 engl. Quadratmei- len ihres Baumschmucks beraubt worden, die Südstaaten ha- ben in bedeutend kürzerer Zeit ihren Waldbestand um Zwei- drittel verringert. Der sogenannte Baumwolldistrikt des Sü- dens, noch Anfangs unseres 19. Jahrhunderts außerordentlich waldreich, ist jetzt kahler als die Türkei; auch die Hochwälder der kalifornischen Alpen sind in den letzten 26 Jahren entsetz- lich gelichtet worden.

Dass ein so rapider Wechsel in der Vegetationsbekleidung schließlich als klimatischer Modifikator auftreten musste, lag auf der Hand, und so dürfen wir auch für den Osten der Ver- einigten Staaten eine Zunahme der Trockenheit erblicken in dem Umstand, dass der Hudson, Connecticut, Potomac und andere Flüsse eine bedenkliche Abnahme des Wasserstandes zeigen.[35]

Unter den aus der südlichen Hemisphäre in der subtropi- schen Regenzone liegenden Ländergebieten ist zunächst in Südafrika von Fritsch, Galton, Hahn in historischer Zeit vom 32. Parallel- bis gegen die Wendekreise hin Abnahme der Re- gen nachgewiesen worden. Ganz Südafrika ist ein großes, in geologisch unvordenklichen Zeiten gehobenes Wasserbassin, das im Laufe der Zeit austrocknete. Der Ngami-See ist der letzte Rest dieses Meeres, an anderen Stellen sind noch Salz- pfannen vorhanden. Der Prozess der Austrocknung schreitet auch jetzt noch fort, da nach Livingstone's Beobachtungen das

---

34 Hermann J. Klein, Die Gesetze der Wüstenbildung, in: Gaea 1877, S. 647— 656. 714— 727

35 Mitteilungen der K. K. geographischen Gesellschaft in Wien. 1874, S.· 284—286. — Ausland 1878 Nr. 48.

Wasser des Ngami-Sees sich mehr und mehr zurückzieht, und das Klima in Südafrika allseitigen Berichten nach von Jahr zu Jahr trockener wird. In den letzten 10 Jahren sind in Natal die Sommer weniger feucht gewesen, als in früheren Jahren.[36] Im Gebiet der Betschuanen an der Grenze der Kalahari sind bei Griguastadt zwei bedeutende Quellen in neuerer Zeit verschwunden, und die Quelle von Kuruman, die früher mit anderen einen Fluss bildete, ist jetzt nur noch ein schilfbewachsener Sumpf. Vor 30—40 Jahren erinnerten sich Leute öfters im Winter Schnee auf den Feldern gesehen zu haben, was seitdem im Griqualand unerhört ist, auch wären früher stets vereinzelte Regen im Winter gefallen, welche neuerdings zu den größten Seltenheiten gehören.

Wir wollen es dahingestellt sein lassen, ob wir es in diesem speziellen Fall mit einem rein lokalen Vorgang, der durch die ausgedehnten Grasbrände herbeigeführten Vernichtung von Wäldern zu tun haben, oder ob wir mit Th. Fischer in dem Umstand, dass die zunehmende Trockenheit in der subtropischen Zone überall dort stattzufinden scheint, wo dieselbe an ihrer Äquatorialgrenze in ein regenloses oder regenarmes Wüstenoder Steppengebiet übergeht, einen allgemein tellurischen Vorgang annehmen wollen. Er nimmt nämlich im Hinblick auf die von Rohlfs am Tsad-See gemachte Beobachtung »eine Verschiebung der Zone an, in welcher der rückläufige Passat sich zur Oberfläche der Erde herabsenkt gegen die Pole hin, eine Veränderung im Regime der Winde« an. Eine wesentliche Stütze fände diese Ansicht darin, dass an der Polargrenze der subtropischen Zone der Alten Welt wie Nordamerikas zwei große Seen, der große Salzsee und der Wansee, in stetigem Wachsen begriffen sind, ohne dass sich eine andere Ursache als eine Zunahme der jährlichen Niederschläge in ihren Becken dafür finden ließe. Der letztere See hat nach O.

---

36   Georg Haverland, Natal und die südafrikanischen Freistaaten, in: Ausland 1871. S.433. — G. Fritsch, Drei Jahre in Südafrika. S. 255. — Fischer, Studien. S. 46. — Petermann's Mitteilungen 1878. S. 243.

Blau durch sein rasches Wachsen ehemalige Dörfer unter seinem Spiegel begraben, und die Stadt Erdjisch ist nahe an den See herangerückt und bereits halb überschwemmt.[37]

In Süd-Amerika liegen für eine an der Äqnatorialgrenze der subtropischen Regenzone beobachtete Zunahme der Trockenheit Belege noch nicht vor, wohl aber ist dies der Fall in einem nördlich von dieser Zone liegenden Gebiet, wo sich wenn wir von der vor Kurzem auftauchenden alarmierenden Nachricht von einer bedenklichen Abnahme der Wassermenge im Amazonasstrom absehen wollen, auf dem kleinen Hochland von Ceará in Brasilien, vermutlich in Folge der planlosen Entwaldung eine bisher unbekannte, anhaltende Dürre eingestellt hat.

Auf der Guano-Insel Malden im Großen Ozean, 4° südl. Br» 155° westl. Gr., also auch außerhalb der subtropischen Regenzone gelegen, konnten vor ca. 10 Jahren die 150 beim Guanograben beschäftigten Leute noch von dem aufgefangenen Regenwasser leben; vor 5 Jahren musste man die Kondensatoren herbeischaffen, nachdem die Schiffe vorher schon so viel als möglich von ihrem Wasservorrat abgegeben hatten, jetzt wird nur noch das künstlich gewonnene Wasser benutzt, da die Quantität des Regens sehr gering, monatelang oft kein Tropfen vom Himmel fällt.[38] Für Australien liegen derartige Belege in zu geringer Zahl und für zu kleine Zeiträume vor, als dass von einer Gegenüberstellung der klimatischen Verhältnisse in früheren Jahrhunderten die Rede sein könnte. Aber auch dort ist an der Äquatorialgrenze der subtropischen Gebiete eine außerordentliche Unregelmäßigkeit der Niederschläge und gelegentliches Eintreten langer Dürreperioden zu verzeichnen.

Zum Schluss seien noch die Beobachtungen einer seit historischer Zeit zunehmenden Austrocknung einiger Gegenden

---

37　Fischer, Studien, S. 4.6.

38　R. Rabenhorst, Malden, eine Guano-Insel im Großen Ocean in: .aus allen Weltteilen, VIII. Jahrg. S· 219.

Zentral-Asiens angefügt. Der Aralsee beginnt auszutrocknen; sein Spiegel wie der des Amu-darja und Syr-darja sind nach der bestimmten Angabe von M. A. Säwertzow im Sinken begriffen. In beträchtlicher Höhe über dem jetzigen höchsten Wasserstand beobachtete er Flussalluvien mit Süßwassermuscheln.

Die südliche Ausbuchtung, der Aibugir- oder Laudan-See ist im Laufe der letzten Jahre eingetrocknet. Vor 10 — 15 Jahren war er vom Aral-See durch einen schmalen Sumpfgürtel getrennt; auf ihrem Feldzug gegen Chiwa zogen die Russen 1873 bereits trockenen Fußes hindurch. Die Sandwüste an der Ostküste des Aral vergrößert sich auf Kosten des Sees immer mehr. An den Seen ganz Zentral-Asiens ist dieser Verdampfungsprozess zu beobachten. Die Ala-kul-Seen bildeten in historischer Zeit einen See, der außerdem mit dem Balkasch zusammenhing.

Auch der Dsaisang-See war in nicht gar zu ferner Vergangenheit größer als jetzt, und dass das Kaspische Meer an seinem Nordende eintrocknet, ist bekannt. Im Kreis Aman-Karagai, in der westlichen Kirgisen-Steppe. ist ein See ausgetrocknet, der gegen 60 Werft lang und stellenweise 5 Werft breit war, also einen Flächenraum von ca. 300 Qu.-Werft bedeckte. Im Umkreis Ajagus versiegen im Sommer jetzt viele Flüsschen, die sonst das ganze Jahr hindurch flossen.[39]

Auch in dem sonst so paradiesisch schönen Tal von Samarkand weisen deutliche Spuren auf ausgebreitetere Kultur hin. Ganze, ehemals Fruchtbarkeit verbreitende Flüsse und Ortschaften sind in Staub und Sand verschüttet. Die Bergterrassen, die das Tal von Norden und Süden umgeben und die jetzt kahl sind, müssen früher von Wäldern bedeckt gewesen sein, in denen, der Tradition nach, Timur den Freuden der Jagd oblegen hat. Neupflanzungen wurden in größerem Maße nicht

---

39 Ausland 1874. S. 476. — Petermann's Mitteilungen 1868. S. 80 Anm. 1. — Vergl. auch Peschel, Neue Probleme der vergl. Erdkunde. Leipzig 1878. S. 173.

unternommen, obgleich die großen Erfolge in den nördlicher gelegenen Steppen dazu ermuntern konnten.

Im westlichen Tibet ist beinahe bei allen übrig bleibenden Seen die Verdunstung eine größere als die Wasserzufuhr, es ist also ein stetiges Fortschreiten des Eintrocknens das jetzt Vorherrschende.[40]

Auch in der Landschaft Kurg in Vorderindien ist eine bedeutende Abnahme der Niederschläge seit ca. 15 Jahren beobachtet worden. seitdem nämlich über 20.000 Acres Wald ausgerodet und das so gewonnene Land in Kaffeeplantagen umgewandelt worden ist.[41]

1.4. ZUNAHME DER NIEDERSCHLAGSMENGE

Hiermit sei die Besprechung der Fälle von zunehmender Trockenheit abgeschlossen und es mögen nun noch Gegenden genannt werden, in denen eine Zunahme der Niederschlagsmenge beobachtet werden konnte. Allerdings befinden sich derartige Beobachtungen im Vergleich zu der stattlichen Reihe der eben aufgezählten in einer bedauerlichen Minorität; man mag sie mit geringen Ausnahmen lediglich als den Anfang einer hoffentlich weiter fortgesetzten Reihe von Versuchen betrachten, um dem Boden, in welchen der Mensch durch Störung der natürlichen Ordnung den Keim des Todes gelegt, durch Wiederherstellung der früheren Verhältnisse die entschwundene Kraft wieder zuzuführen.

In Alexandria regnet es jetzt seit der durch Mehemed Ali erfolgten Anlage großer Baumwollpflanzungen 30—40 Tage im Jahr und im Winter oft 5—6 Tage hintereinander, während zur Zeit der Expedition Bonaparte's vom November 1795 bis zum August 1796 nur einmal Regen fiel und auch dies nur eine halbe Stunde langIn den letzten Jahren regnet es in Kairo

---

40 Hermann von Schlagintweit-Sakünlünski, Zur Fauna im Salzsee-Gebiete des westlichen Tibet, in: Ausland 1871. S. 1006. — Ausland 1875. S. 617.

41 Behm, Geogr. Jahrb. IV, 1872. S. 30.

häufiger als früher, und der Grund ist wahrscheinlich im Suezkanal und den vielen neuen Kanalanlagen des Delta's zu suchen.[42] Dieselbe Beobachtung hat man nach der Anlage des großartigen Kanalisationssystems in der Lombardei gemacht.

Auf St. Helena fällt heute zweimal so viel Regen, als zur Zeit, da Napoleon I. dort weilte[43], auch auf Ascension ist die Niederschlagsmenge jetzt eine bedeutendere gegen früher, dort sowohl wie hier, nachdem sich die kahlen Flächen und Gehänge wieder mit Wäldern bedeckt hatten.

Der Bach Kidron in der Umgegend von Jerusalem zeigt eine größere Wassermenge, seitdem die Niederschläge an seinen Quellen in Folge der daselbst gemachten Maulbeerbaumanpflanzungen häufiger geworden sind.[44]

Nördlich vom Tschadsee schreiten nach Rohlfs die tropischen Regen und als Folge davon die Wälder im Gefolge verbreitender Kräuter und Mimosengebüsche siegreich gegen die Sahara vor, wahrscheinlich in Folge von Südwestwinden, die vom Tschad-See aus die notwendige Feuchtigkeit herbeiführen.[45]

Den Schluss in der Reihe der beobachteten Klimaänderungen mögen die Fälle bilden, in denen durch mehr oder minder ausgedehnte Anpflanzungen von Eukalyptus-Waldungen in verhältnismäßig kurzer Zeit eine klimatische Umgestaltung fieberberüchtigter Gegenden herbeigeführt wurde. Das Vaterland der Eukalypten ist Australien und Tasmanien, sie bilden den bei weitem größten Teil des Bestandes der australischen Wälder, die stattlichsten Arten erreichen eine Stammhöhe von 150 m und darüber, könnten also die Cheops-Pyramide beschatten. Der hier in Rede stehende Baum ist der Eukalyptus

---

42 Müller, Kosmische Physik. S. 716. — Ausland 1878- Nr.32.

43 Charles Darwin, Reise eines Naturforschers um die Welt, aus dem Englischen übersetzt von Victor Carus. Stuttgart 1875. S.564.

44 J. J. Murphy in: Nature, XV. S. 6. 7.

45 Th. Fischer, Studien u. s. w. S. 46.

globulus, der blaue Gummibaum. Er hat ein schnelles Wachstum, wie denn ein in Mentone bei Nizza 1869 als eine Pflanze von 3 Zoll Höhe gesetzter Eukalyptus im Jahre 1874 eine Höhe von 16 m erreicht hatte, bei einem Umfang von 1 m in einer Höhe von 1 m über dem Erdboden. Die Wurzeln des Baumes besitzen eine so außerordentliche Saugkraft, dass der Stamm das Zehnfache seines Gewichtes an Wasser aus dem Boden aufzunehmen vermag, daher sumpfige Gegenden durch Eukalyptus-Anpflanzungen in kürzester Zeit trocken gelegt werden können.

Dadurch, dass er durch Aufsaugung der überflüssigen Feuchtigkeit Fiebern ihre Brutstätte zerstört, ist er auch unter dem Namen des Fieberbaumes bekannt. Der nördlichste Punkt des Verbreitungsgebietes ist augenblicklich die Stadt Goerz. aber hier gedeiht er nur an ganz besonders geschützten Stellen. Nördlich von den Alpen wird er vielleicht nur noch auf der Kanalinsel Jersey überwintern; einige Eukalypten sind nach den »Times« in freier Luft in East Grinstead in Sussex gezogen und haben den Winter ohne allen Schutz überstanden; nach der Landwirtschaftlichen Zeitung für Elsass-Lothringen vom Jahr 1875 sollen auch die daselbst gemachten Versuche zu den besten Hoffnungen berechtigen. (?)

Die Versuche mit Eukalyptus-Anpflanzungen zur Verbesserung des Klimas in morastigen Gegenden haben überraschende Resultate geliefert.

Das Kloster delle tre Fontane in der Nähe von Rom war einer der fieberberüchtigsten Orte in der Campagna. Im Jahre 1868 wurden Mönche vom Trappisten-Orden hingesandt, der bekanntlich u. · A. die Aufgabe hat, unbewohnte und ungesunde Gegenden der Kultur wiederzugewinnen, und während die Mönche noch anfangs, um dem Fieber zu entrinnen, die Nacht über in Rom verbleiben mussten, war, nachdem man 1870 mit Eukalyptus-Anpflanzungen begonnen hatte, die prophylaktische Maßregel nach 5 Jahren überflüssig.

Die Farm Machydlin in der Nähe von Constantine war wegen ihrer Fieber berüchtigt. Große Sümpfe dehnten sich in der Umgebung aus, die auch im Sommer nicht austrockneten; nachdem aber die ganze Strecke mit ca. 14.000 Eukalyptusstämmen bepflanzt worden war, waren die Sümpfe innerhalb 5 Jahren ausgetrocknet, und der Gesundheitszustand der Farm wurde ein vortrefflicher.

In Pardock, wenige Meilen von Algier, an den Ufern des Hamyse, lag eine fieberberüchtigte Farm; die Menschen starben haufenweise. Nachdem man im Frühjahr 1867 ca. 1300 Eukalyptusstämmchen dort angepflanzt hatte, kam schon im Juli desselben Jahres, obgleich die Stämme erst eine Höhe von 9 Zoll erreicht halten, kein Krankheitsfall vor, während dieser Monat sonst zu den gefürchtetsten gehörte. Die Farm ist bis heute fieberfrei.

Ebenso wurde Gue bei Constantine, das früher fieberreich war, durch Eukalyptus-Anpflanzungen zu einem gesunden Platz.

Ähnliche günstige Erfolge lassen sich nachweisen am Cap, in Port Natal, Kuba, Mexiko, in den Provinzen Cadiz, Sevilla, Cordoba, Valencia, Barcelona.[46]

Wenn wir bei der auf Verbesserung des Klimas gerichteten Arbeit des Menschen noch der Urbarmachung von Sümpfen, Entwässerung des Bodens, Trockenlegung von Seen. Auslaugung salzgetränkter Strandflächen erwähnen[47], so seien hier-

---

46   Ausland 1875. Nr. 8. — 1878. Nr. 36. — Die Natur von K. Müller. N. F. 5. Jahrg. Nr. 3-5
     — Dr· W. v. Hamm, Der Fieberheilbaum oder Blaugummi-Baum 2. Aufl. Wien 1878.
     Faesy & Frick.

47   Die Sümpfe der Sologne in Frankreich, ehemals ein Wald von 500.000 ha, werden gegenwärtig (Stand 1880) durch Anpflanzung von Kiefern und durch Kanalisation trocken gelegt. In Norwegen werden durch Austrocknung sumpfigen Bodens usw. jährlich ca. 100 qkrn guten Bodens gewonnen (Fritsch, Die skandinavische Halbinsel, in Petermann's Mitteilungen 1866, S. 419), in Russland wird an der Austrocknung der Pinskischen Sümpfe im Gouvernement Minsk energisch gearbeitet (Ausland 1878, Nr. 35). Die Sümpfe in dem ehemals so berüchtigten Val di Chiana von Orvieto in Umbrien bis Arezzo in Toskana sind verschwunden. Schon Porsena soll sie auszutrocknen versucht haben. Im römischen Senate wurden wiederholt Vorkehrungen getroffen. Im Mittelalter

mit die beobachteten Fälle von Klimaänderung in historischer Zeit abgeschlossen.

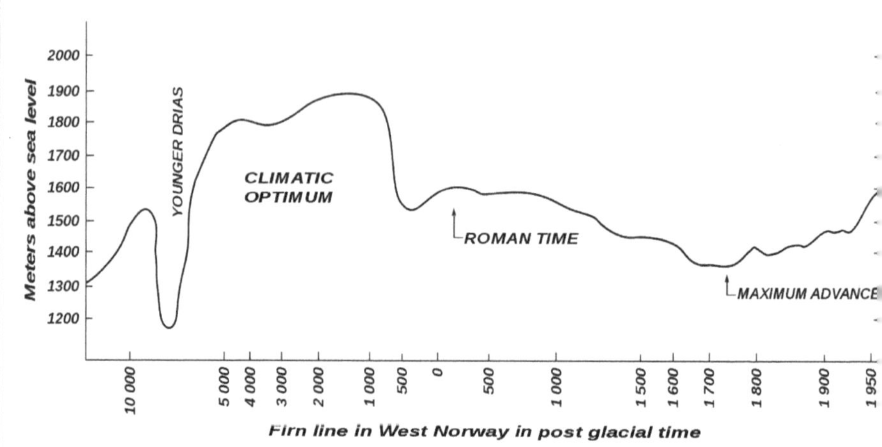

based upon Liestøl (1960)

Entwicklung der Schneegrenze westnorwegischer Gletscher in den letzten 12.000 Jahren, nach Liestøl (1960), mit einem kleinen Optimum in „römischer Zeit"; Skizze und Bezeichnung wurden von Schwarzbach 1961 und Flohn 1967 in Zusammenfassungen holozäner Klimaschwankungen aufgegriffen. Noch 1000 Jahre vor unserer Zeitrechnung lag die Schneegrenze sogar deutlich höher als gegenwärtig, was auf höhere Durchschnittstemperaturen hindeutet. Von DeWikiMan - Eigenes Werk, CC BY-SA 4.0, https://commons.wikimedia.org/w/index.php?curid=74371360

---

steigerte sich die Versumpfung und Gesundheitsschädlichkeit so, dass im Italienischen »Chiana« synonym mit Morast angewandt wurde. Erst in neuerer Zeit sind die Gesundheitsverhältnisse gebessert durch die Entwässerungsarbeiten von Torricelli und anderen toskanischen Ingenieuren. (Dr.·Wilh. v. Hamm, Meliorationen in Italien, in: Unsere Zeit, 1876. I. 779.) Der See Fucino, 80 km östlich von Rom, erfüllte durch seine Überschwemmungen die Luft mit Pesthauch; schon Kaiser Claudius machte Anstrengungen, um dem Übelstand abzuhelfen; gründlich gelang dies erst 1854; die Verheerungen der Sumpffieber haben seitdem aufgehört. Im Jahre 1875 hat die italienische Regierung durch Anpflanzung von 5000 jungen Eukalyptus-Stämmen angefangen, die sumpfige römische Campagna zu entwässern.

2. Mittelalterliche Warmzeit

Die **mittelalterliche Klimaanomalie**[48] (engl. Medieval Climate Anomaly, kurz MCA), speziell in Bezug auf Temperaturen auch die **mittelalterliche Warmzeit** (engl. Medieval Warm Period, kurz MWP) oder auch das mittelalterliche Klimaoptimum, war ein Intervall vergleichsweise warmen Klimas und anderer Klimaabweichungen, wie umfassender kontinentaler Dürren. Eine MWP lässt sich regional und zeitlich nur unscharf feststellen, den meisten Rekonstruktionen zufolge dürfte sie nach 900 begonnen und vor 1400 geendet haben. **Der wärmste Zeitraum auf der Nordhalbkugel lag demnach zwischen 950 und 1250.**

Es gab während der mittelalterlichen Warmzeit mit hoher Sicherheit einige Regionen, die damals in etwa so warm waren wie gegen Mitte, teilweise auch Ende des 20. Jahrhunderts. Die Wärmeperioden des Mittelalters waren aber uneinheitlicher als die seit dem 20. Jahrhundert.

Schon seit dem 18. Jahrhundert diskutierte man anhand anekdotischer Hinweise, ob im Mittelalter vorübergehend wärmere Temperaturen in verschiedenen Regionen des Nordatlantikraums geherrscht haben könnten. Der dänische Missionier Hans Poulsen Egede, der 1721 in Grönland vergeblich nach bewohnten mittelalterlichen Wikingersiedlungen suchte, von denen man seit 200 Jahren nichts gehört hatte, zog das Klima als eine mögliche Ursache ihres Verschwindens in

---

48   Seite „Mittelalterliche Klimaanomalie". In: Wikipedia, Die freie Enzyklopädie. Bearbeitungsstand: 26. Juli 2019, 09:49 UTC. URL: https://de.wikipedia.org/w/index.php?title=Mittelalterliche_Klimaanomalie&oldid=190766820 (Abgerufen: 31. Juli 2019, 12:33 UTC).

Betracht:

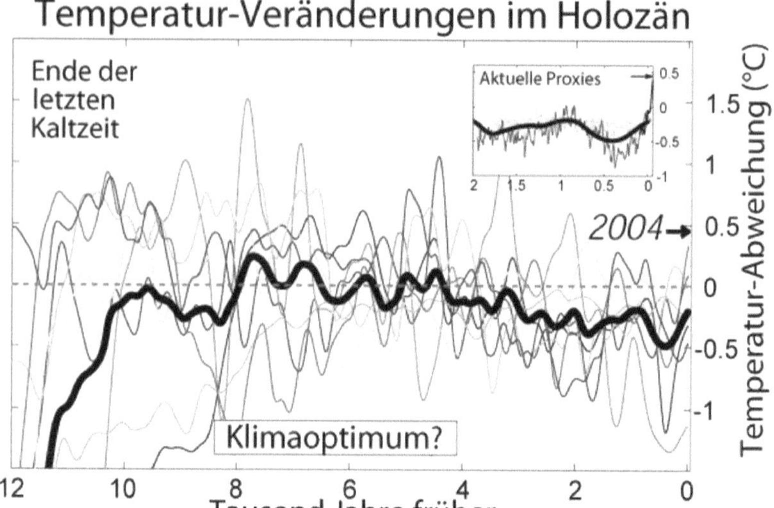

Grafik: Temperaturvariationen im Holozän. Das Hauptbild zeigt acht Messreihen lokaler Temperaturänderungen im Verlauf des Holozäns (mit einer Zeitskala von mehreren Jahrtausenden) und (als dicke dunkle Linie) ihren Mittelwert (bis zu einem Zeitpunkt vor 12000 Jahren). Die Daten werden angezeigt als Abweichung vom Mittelwert der Temperatur im 20. Jahrhundert und der Mittelwert von 2004 ist auf der Temperaturachse markiert. (Anm. d. Hrsg: Bedeutet das, dass die Temperatur vom Jahr **2004 als Einzelwert** in die Grafik eingeht gegenüber den sonstigen Durchschnittswerten, und damit nur eine begrenzte Aussagekraft besitzt? Offensichtlich liegt der **Durchschnittswert** (dicke Linie) null Jahre früher, also heute, unter dem Mittelwert der Temperatur im 20. Jahrhundert) Grafik: CC BY-SA 3.0, https://commons.wikimedia.org/w/index.php?curid=1259100

> *„Were they destroyed by an invasion of the natives … [or] perished by the inclemency of the climate, and the sterility of the soil?"*

> *„Wurden sie durch einen Einfall der Eingeborenen vernichtet … [oder] gingen sie durch die Unbarmherzigkeit des Klima und Unfruchtbarkeit des Bodens zugrunde?"*

> *– Hans Egede: Description of Greenland.*

Der schwedische Diplomat Fredrik von Ehrenheim erklärte 1824 das Ende der Wikingersiedlungen mit einem Abkühlung von einem Höhepunkt im 11. Jahrhundert zu einem Tiefpunkt im 15. Jahrhundert. Bernhard Studer, 1847, François Arago,

1858, und andere deuteten das Ende der grönlandischen Siedlungen im 15. Jahrhundert als Beweis für ein Kälterwerden einer vorher wärmeren Region, während Conrad Maurer diese Ansicht verwarf und den Grund im Vordringen von Inuit sah. Poul Nørlund, der in Herjólfsnes, im Südwesten Grönlands, Gräber der Grænlendingar untersuchte, fand in Totenhemden unter dem Permafrost reichlich Pflanzenwurzeln und schloss daraus, dass die Sommertemperaturen zeitweilig den Boden aufgetaut hatten und dort daher höher gewesen waren als um 1921. Änderungen von Baumgrenzen wurden teils als Indiz für Klimaänderungen gedeutet, teils als durch menschliche Eingriffe verursacht. Eduard Brückner wies 1895 darauf hin, dass früherer Weinanbau in Gegenden wie in Norddeutschland, wo um 1900 herum keiner mehr erfolgte, nicht nur durch klimatische, sondern auch durch ökonomische Randbedingungen beeinflusst worden war: „Es war der teueren Fracht wegen vorteilhafter, Mißernten mit in Kauf zu nehmen, als von Süden her Wein zu importieren."

Die systematische Erforschung einer etwaigen mittelalterlichen Klimaanomalie – besonders im europäischen Raum – war zunächst vor allem Feld der Historischen Klimatologie. Denn für das Europa des Mittelalters, lange vor dem Beginn instrumenteller Messungen, ließen sich aus historischen Dokumenten und archäologischen Funden Rückschlüsse auf klimatische Verhältnisse und ihre Folgen ziehen, schon bevor seit den 1990er-Jahren die Paläoklimatologie vermehrt hochqualitative Rekonstruktionen aus natürlichen Klimaarchiven bereitstellte. So gibt es für den Zeitraum ab etwa 1300 einigermaßen vollständige historische Berichte über Sommer- und Winterwitterung. Es waren die Pionierarbeiten auf diesem Feld, etwa des englischen Klimatologen Hubert Lamb oder des französischen Historikers Emmanuel Le Roy Ladurie, die erste umfassende Übersichten über höhere Temperaturen und soziale Zusammenhänge für den Nordatlantikraum und hier besonders Europa lieferten.

2.1. TEMPERATUREN

Insgesamt zeigen die Auswertungen global einen langfristigen leichten Abkühlungstrend über die letzten 1000–2000 Jahre bis in das 19. Jahrhundert, der im Mittelalter regional unterschiedlich durch wärmere Intervalle unterbrochen wurde.

Während der mittelalterlichen Klimaanomalie war es **in weiten Teilen der mittleren und hohen Breiten der Nordhalbkugel wärmer als während der folgenden kleinen Eiszeit.** Darauf deutet eine große Mehrheit der paläoklimatologischen Befunde hin. Einige Regionen könnten, betrachtet über Zeiträume von 100 Jahren, sogar so warm gewesen sein wie im vergangenen 20. Jahrhundert. Für die Südhalbkugel sind die Daten spärlicher. Eine Auswertung von 511 Zeitreihen aus Baumringen, Pollen, Korallen, See- und Meeressedimenten, Gletschereis, Speleothemen und historischen Dokumenten **zeigt für den Zeitraum 830–1100 ein wärmeres Intervall in Europa, Nordamerika, Asien und der Arktis. In Südamerika und Australasien gab es später, von 1160 bis 1370, ein wärmeres Intervall.**

Teile der Tropen könnten vergleichsweise kühl gewesen sein, eine Datenreihe aus flachen Gewässern der Ostantarktis zeigt kein klares Signal einer mittelalterlichen Warmzeit. Im südlichen Südamerika gab es einer Rekonstruktion zufolge **über mehrere Jahrzehnte im 13. und frühen 14. Jahrhundert** Sommertemperaturen, die an die im späten 20. Jahrhundert herangereicht haben könnten. Datenreihen aus Afrika zeichnen ein uneinheitliches Bild. Insgesamt gab es um das Jahr 1000 ein stärkeres Wärmesignal in einigen Gegenden Südafrikas, während Namibia, Äthiopien und Tansania später, ab 1100, deutlichere Erwärmung erkennbar ist. Eine Synthese von 111 Zeitreihen **bestätigte für die gesamte südliche Hemisphäre,** ausgehend von durchschnittlichen Temperaturen zwischen 1000 und 1200, **ein wärmeres Intervall zwischen 1200 und 1350.**

2.2. HYDROSPHÄRE

Neben regionalen Temperaturanomalien traten weiträumige hydrologische Anomalien auf.

Südeuropa war im Zeitraum 1000–1200 im Vergleich zu den mittleren Verhältnissen des 20. Jahrhunderts trocken, Südskandinavien und das nördliche Mitteleuropa deutlich trockener. Nordwesteuropa, der Balkan und die westliche Levante wiesen eher feuchte Verhältnisse auf. Es gibt Hinweise, dass im Vergleich zum Zeitraum der kleinen Eiszeit weniger Dürren im Einflussbereich des ostasiatischen Monsun auftraten.

In Teilen Nordamerikas gab es heftige und lange Megadürren.

In Afrika deuten historische Quellen für die Sahelzone auf feuchtere Bedingungen hin, südlich der Sahel scheint es hingegen relativ trocken gewesen zu sein. Im westlichen Kongobecken zeigen die verfügbaren Daten kein klares Signal. Im Osten, von Äthiopien bis Malawi war es trocken; der Nil wies ab 900 einen sehr starken Anstieg von Jahren mit Niedrigwasser auf, ab ca. 1150 kamen auch gehäuft Jahre mit Hochwasser hinzu. Im südlichen Afrika zeigen die meisten Rekonstruktionen insgesamt eher feuchte Bedingungen an.

Der Meeresspiegel schwankte in den letzten zweitausend Jahren um etwa ± 8 cm. Er stieg bis etwa zum Jahr 700 an, von 1000 bis 1400 sank er etwas, einhergehend mit einer globalen Abkühlung von ca. 0,2 °C über diesen Zeitraum. Erst im 19. Jahrhundert begann der Meeresspiegel wieder zu steigen, wobei der Anstieg schneller verläuft als während des Mittelalters.

2.3. GESELLSCHAFTLICHE FOLGEN

Seitdem mittelalterliche Klimaanomalien untersucht werden, stellte sich auch die Frage nach ihrem Einfluss auf Gesellschaften. Viele Arbeiten identifizierten zeitliche Parallelen zwischen klimatischen Anomalien und gesellschaftlichen Entwicklungen und versuchten, kausale Zusammenhänge herzuleiten, häufig über den Einfluss des Klimas auf die für die meisten mittelalterlichen Gesellschaften besonders wichtigen landwirtschaftlichen Erträge.

In der Zeitspanne, in der die mittelalterliche Warmperiode verortet wurde, kam es in Europa zu einer regelrechten Bevölkerungsexplosion. Dieses ist sicherlich auch auf die günstige Klimaentwicklung zurückzuführen. Es kam infolge des wärmeren Klimas in Europa zu einer Expansion der Agrarwirtschaft, der Getreideanbau war nun sowohl in wesentlich nördlicheren als auch in höher gelegenen Gebieten möglich. So wurde Getreidewirtschaft bis nach Norwegen und in den Bergen Schottlands nachgewiesen, die in der nachfolgenden Kleinen Eiszeit und der damit verbundenen Abkühlung des Klimas wieder eingestellt wurde. Die Vorratsschädlinge Kornkäfer und Getreideplattkäfer und auch der Menschenfloh wurden zwischen dem 9. und 15. Jahrhundert deutlich häufiger in West- und Nordeuropa nachgewiesen, wärmere und feuchte Witterung könnte ihr Vorkommen mit begünstigt haben.

Verbundenen mit der Expansion des Landausbaus war der agrikulturelle Fortschritt sowohl bei der Nutzung technischer Geräte, wie z. B. dem Kummet für Zugpferde, als auch bei der Bodennutzung sowie der Diversifizierung von Getreide. Dieses Zusammenspiel machte es möglich, eine rasch wachsende Bevölkerung mit Nahrung zu versorgen. So wird angenommen, dass sich die Bevölkerung in Europa zwischen 1100 und 1400 fast verdreifacht hat. In der Folge kam es zu einer Wechselwirkung zwischen Bevölkerungswachstum und der Gewinnung von neuem Ackerland. Die Bevölkerung begann mit einem Ausbau des Siedlungsgebietes, bei dem riesige Waldflächen zu Ackerland verwandelt wurden (z. B. im Zug der Deutschen Ostsiedlung). Im Gunstklima Europas veränderten sich die Siedlungsgebiete durch Entstehen zahlreicher Städte als neue Zentren des Handels und des Gewerbes, die sich die Arbeit mit den agrarischen Gebieten teilten.

Trotz wechselhafterem Klima kam es im 12. Jahrhundert

zu einer Ausdehnung und einem Aufschwung des Byzantinischen Reiches. Für den Südosten Europas und Kleinasien, die Entwicklung des landwirtschaftlich geprägten Byzantinischen Reich, kommt eine Übersichtsarbeit zu dem vorsichtigen Schluss, dass das Klima, eine Rolle gespielt haben könnte. Vom 9. bis zum 10. Jahrhundert begünstigte milde, feuchte Witterung Landwirtschaft und Bevölkerungswachstum. Die klimatische Verhältnisse hielten auch im 11. Jahrhundert an, indessen geriet Byzanz in Anatolien unter Druck der Seldschuken und konnte seine Landwirtschaft dort nicht mehr ausweiten. Obwohl im 12. Jahrhundert das Klima wechselhafter wurde, teils wärmer, mit Trockenperioden im für die dortige Landwirtschaft besonders wichtigen Herbst- und Winterhalbjahr, kam es in Byzanz in der komnenischen Periode zu einer neuen Ausdehnung und gesellschaftlichen und ökonomischen Blüte, was von den Forschern als Zeichen für die Widerstandsfähigkeit der Gesellschaft gedeutet wurde. Kühlere Sommer und trockenere Winter zu Beginn des 13. Jahrhunderts wie auch der Ausbruch des Samalas 1257 mit darauf folgenden kühlen Jahren könnten zur Instabilität und zum Ende des spätbyzantinische Reiches beigetragen haben.

Inwieweit Klimaänderungen zum Ende der mittelalterlichen skandinavischen Grönlandsiedlung (Westsiedlung ca. 1350, Ostsiedlung im 15. Jahrhundert) beitrugen, ist nach wie vor nicht geklärt. Jüngere Arbeiten zu mittelalterlichen Klimaänderungen im Raum West- und Südgrönlands zeichnen ein komplexes Bild. Insgesamt deuten sie für den Zeitraum zwischen ca. 1140 und 1220 im Raum der Westsiedlung und der Walrossjagdgründe auf eine Periode kalten Klimas. Gebiets- und zeitweise kann es auch vorher, also schon während der Kernzeit einer mittelalterlichen Klimaanomalie, kalte Zeitabschnitte gegeben haben. In der Baffin Bay und in der Diskobucht gab es schon für den Zeitraum 1000 bis 1250 durch niedrigere Sommertemperaturen verursachte Gletschervorstöße, die möglicherweise sogar an das spätere Ausmaß ab 1400 heranreichten. Analysen von Seesedimenten zeichnen ein teils widersprüchliches Bild: Eine Untersuchung von Sedimenten aus einem See nahe Kangerlussuaq deutet auf zunehmende Temperaturen zwischen 900 und 1150, dann – deutlich vor dem Ende der Siedlungen – eine rapide Abkühlung und anschließend wieder eine Zunahme, die schon um 1300 wieder das Niveau von 900 erreichte und bis in das 17. Jahrhundert anhielt; eine Analyse anhand von Zuckmücken aus Seesedimenten nahe dem südlicher gelegenen Narsaq weist auf relativ warme Temperaturen zwischen 900 und 1400 hin, mit gegen Ende dieses Zeitraums wechselhafter werdendem Klima.

Man hatte lange angenommen, dass die Wikinger hartnäckig an ihrer überkommenen Landwirtschaft festgehalten und durch Unflexibilität, auch gegenüber Klimaschwankungen, sowie durch Umweltzerstörung wesentlich ihren Niedergang mitverursacht hatten. Neuere Ausgrabungen seit Mitte der 2000er-Jahre weisen jedoch darauf hin, dass ab etwa 1300 das Meer als Nahrungsquelle die vorher bedeutsamere Feldwirtschaft und Viehhaltung überwog. Forscher deuten dies als Anpassung an gesunkene Wintertemperaturen.

Der Handel spielte wahrscheinlich auch eine entscheidende Rolle für die Grönlandsiedlung. Die Siedler mussten wichtige Güter wie das Eisen importieren. Der Export des begehrten Walrosselfenbeins, das sie auf regelmäßigen Jagdzügen zur Diskobucht erbeuteten, war ein wichtiger Wirtschaftsfaktor. Vermehrte Sturmaktivität, **sinkende Temperaturen und besonders ein verstärkter Eisgang entlang der Westküste –** nicht nur eine regionale Abkühlung, sondern **auch erhöhte Eisdrift** von der Grönlandsee und Dänemarkstraße mag hierfür ursächlich gewesen sein – könnten die Jagd und die Handelsbeziehungen wesentlich beeinträchtigt und damit das Ende der Grönlandsiedlungen mitverursacht haben.

3. KOSMISCHE URSACHEN TERRESTRISCHER KLIMAPERIODEN.

Von Dr. Julius Hann
ordentlicher Professor an der Universität Wien, 1908

3.1. PERIODISCHE VERÄNDERUNGEN DER BAHN-ELEMENTE DER ERDE

Wir wenden uns deshalb gleich den periodisch wirkenden kosmischen Ursachen terrestrischer Klimaschwankungen zu, soweit sich selbe in ihren Wirkungen auch dem Maße nach abschätzen lassen.

Dieses letztere ist nicht der Fall mit der Annahme Dubois', dass die Sonne als Stern bereits gewisse Stadien durchlaufen hat, während welcher die Wärmemengen, welche sie der Erde zugesendet hat, verschieden waren. In dem ersten Stadium eines weißen Sterns war die Strahlung intensiver, die Erwärmung der Erde größer: mit dem Übergang zum gelben Stadium fällt eine rasche Abnahme der Strahlung zusammen, eine Abkühlung der Erde, welche Dubois vom Anfänge der Tertiärzeit bis zum Pleistozän reichen lässt. Während des gelben Stadiums nun treten Schwankungen in der Strahlung ein, der Stern erhält vorübergehend eine rötliche Farbe, die Strahlung nimmt ab. Diese Zeiten teilweiser Verdunklung der Sonne sollen nach Dubois die Glazialzeiten sein, die Rückkehr der Sonne zu ihrem gelben Lichte entspricht den längeren Interglazialzeiten, in deren einer wir leben. Diese Annahmen widersprechen nicht unseren gegenwärtigen astro-physikalischen Kenntnissen, es ist aber unmöglich, zu bestimmteren Vorstellungen von dem Einflüsse dieser hypothetischen Variationen in der Strahlung der Sonne auf die irdischen Klimate zu gelangen. Soviel dürfte wohl sicher sein, dass in Bezug auf die Erklärung der „geologischen Klimate" **mit der Sonne nicht als mit einer konstanten Wärmequelle** unbedingt **gerechnet wer-**

den kann. Deshalb haben auch Betrachtungen, wie die von E. Dubois, ihre volle Berechtigung.

Wir wollen zunächst mit der Sonne als mit einer konstanten Wärmequelle rechnen und zusehen, welche Variationen in der Wärmemenge, welche die Erde von der Sonne erhält, durch die periodischen Veränderungen in den Bahnelementen der Erde hervorgebracht werden. Die aus dieser Ursache sich ergebenden Klimaänderungen lassen sich genauer abschätzen. Die Variationen der Strahlung lassen sich sogar genau berechnen, wogegen die Wirkung dieser Variationen auf die Änderung der Klimate ein viel komplizierteres Problem ist, als man sich zumeist vorstellt.

Von den periodischen Veränderungen der Bahnelemente der Erde kommen in Betracht:

- a. die Änderung in der Schiefe der Ekliptik,

- b. die Oszillationen in der Größe der Exzentrizität der Erdbahn und ...

- c. die aus der Präzession der Nachtgleichen resultierende ungleiche Länge der Jahreszeiten, welche bald für die eine, bald für die andere Hemisphäre ein kürzeres Sommerhalbjahr, und längeres Winterhalbjahr zur Folge hat.

A) DIE ÄNDERUNGEN IN DER SCHIEFE DER EKLIPTIK ...

... können nach Laplace im Maximum 1° 22,5' zu beiden Seiten des Wertes von 23° 28' betragen, die Schiefe der Ekliptik kann deshalb die extremen Werte von 22° 6' und 24° 50' erreichen. **Einer Zunahme der Schiefe der Ekliptik entspricht eine Abnahme der Wärmesumme, die der Äquator erhält und eine Zunahme der Wärme an den Polen;** also eine größere Ausgleichung in der Wärmeverteilung auf der Erde. Das Umgekehrte gilt für eine Abnahme der Schiefe der Ekliptik. Die **Länge dieser Perioden umfasst rund 40.000 Jahre** vom Maximum zum Minimum. Die letzten Berechnungen der Epochen derselben verdankt man Stockwell[49].

Meech hat für das Jahr 10.000 vor 1800, wo die Schiefe der Ekliptik nahe einem Maximum war, und 24° 43' betrug, die Wärmemengen für jeden 10. Breitengrad berechnet, und zwar mit der damaligen etwas größeren Exzentrizität (0,0187, jetzt nur 0,0168), was aber hier nicht in Betracht kommt. Er findet die Änderung in der Erwärmung der verschiedenen Breitengrade gegen 1850 in Thermaltagen[50].

Änderung in der Erwärmung der Erde bei einem Maximum der Schiefe der Ekliptik. Thermaltage

Äq.	10	20	30	40	50	60	70	80	Pol
-1,65	-1,58	-1,32	-0,96	-0,22	0,68	2,11	5,52	7,18	7,64

Der Pol gewinnt 7,6 Wärmetage, d. i. 5% seiner jetzigen Bestrahlung, der Äquator verliert kaum 0,5 %, die mittleren Breiten bleiben ungeändert. Der Unterschied der extremen Jahreszeiten wird etwas verschärft. Die mittlere Temperatur der Erde bleibt fast ungeändert.

Neuerlich haben Ekholm und Spitaler den Einfluss der Än-

---

49   Memoir on the Secular Variations of the Elements etc. Smithsonian Contributions, Vol. XVIII. Washington 1873.

50   Vergl. S. 100. Einheit ein mittlerer Tag am Äquator, der 365¹/4 solcher Einheiten im Jahr erhält, der Pol erhält jetzt deren 151,6.

derung der Schiefe der Ekliptik auf die Änderungen des Klimas unter verschiedenen Breiten eingehender untersucht[51]. Ekholm berechnet die Abweichungen der Insolation pro Tag in Grammkalorien pro cm^2 von der jetzigen (1883) auf der nördlichen Halbkugel von 5 zu 5° Breite in jedem der 12 Monate für die Jahre 9100 und 28.300 vor 1850, d. i. für die extremen Werte 24,24° (Max.) und 22,1° (Min.). Aus diesen Abweichungen der Sonnenwärme erhält man dann auch die Abweichungen der Temperatur. Wir wollen diese letzteren für 10°-Intervalle und für die Halbjahre hier anführen, da sie von großem Interesse sind:

Abweichungen der Temperatur von der jetzigen

N.-Pol	80	70	60	50	40	30	20	10	Äq.
Halb-jahr	vor 28300 Jahren. !			Schiefe der Ekliptik 22,13°					
Sommer	-5,1°	-4,9	-3,8	-2,3	-1,6	-1,1	-0,6	-0,3	0,1	0,4
Winter	0,0	0,2	0,7	1,6	1,7	1,5	1,3	1,0	0,7	0,4
	vor 9100 Jahren.		Schiefe der Ekliptik 24,24°						
Sommer	3,2	3,0	2,4	1,4	1.1	0,7	0,5	0,2	0,0	-0,2
Winter	0,0	-0,1	-0,4	-0,9	-1,0	-0,9	-0,7	-0,6	-0,4	-0,2

Beim Minimum der Schiefe der Ekliptik ist das Winterhalbjahr in höheren Breiten natürlich etwas wärmer, das Sommerhalbjahr kälter, umgekehrt verhält es sich beim Maximum der Schiefe der Ekliptik. In niedrigeren Breiten heben sich die Un-

---

51 N. Ekholm, Variations on the climate. Quart. Journ. R. Met. Soc. XXVII, 1901, S. 36—46. — R. Spitaler, Die jährlichen und periodischen Änderungen der Wärmeverteilung auf der Erdoberfläche und die Eiszeiten. Herlands Beiträge VIII, 1907, S. 565—602.

terschiede ziemlich auf, so dass das Jahresmittel fast ungeändert bleibt, von 60° Breite an aber sinkt letzteres bei geringeren Werten der Ekliptik und steigt bei höheren[52].

Für die Erklärung eines periodischen Auftretens von „Eiszeiten" sind diese Temperaturänderungen kaum zu verwerten, kältere Sommer sind noch an sich kein Index für Eiszeiten. Das Problem ist ein sehr kompliziertes, da die Niederschläge dabei eine Hauptrolle spielen.

Anders liegt die Sache für die Erklärung eines Vordringens gewisser Pflanzengrenzen in höhere Breiten. Bei diesem kommt es hauptsächlich auf die Sommerwärme an, die Wintertemperatur spielt dabei eine viel geringere Rolle (Ostsibirien hat Wälder und Getreidebau in der Nähe des Winterkältepols).

Von hohem Interesse sind nun da im Zusammenhalt mit den obigen Rechnungsergebnissen die Resultate von Untersuchungen über frühere Pflanzengrenzen in Schweden und Norwegen. Die Kiefer und die Birke ging früher in Schweden wenigstens um 150 bis 200 m höher an den Bergen hinauf als jetzt. Nach Rekstad hat sich die Kiefer- und die Schneegrenze (Abstand jetzt 780 m) im zentralen Teile von Südnorwegen 350 bis 400 m gesenkt, was über 2^0 Temperaturabnahme entspricht. Besonders wichtig ist aber die einstige Verbreitung der Haselnuss. Diese ging früher bis über den 63. Breitengrad hinauf, während sie jetzt ihre Nordgrenze schon viel südlicher findet. Die genauere Verfolgung der Grenzen zeigt, dass an ih-

---

52 Ekholm berechnet für die nördlichste schwedische Station Karesuando 68° 26' N, 22½° E folgende Dauer des längsten Tages:

Die Dauer des längsten Tages im Sommer:

vor Jahren | Sonne blieb über dem Horizont

28300 | Juni 3. bis Juli 10., also während 38 Tagen

9100 | Mai 22. bis Juli 22., also während 62 Tagen

Unterschied 24 Tage, mehr als 3 Wochen!

Dies gibt eine gute Vorstellung von dem Einfluss der Änderungen der Schiefe der Ekliptik in hohen Breiten.

rer früheren Grenze jetzt eine mittlere Sommertemperatur von 9,5⁰ (Aug./Sept.) herrscht, während an ihrer heutigen wahren Nordgrenze eine solche von 12⁰ C. zu finden ist. Die Stationen an der ehemaligen Haselgrenze ergeben gegen die jetzige einen Temperaturunterschied des Sommerhalbjahres von 2,4°, um diesen Betrag war damals die Vegetationsperiode wärmer. Das gleiche ergeben ungefähr auch die früheren Wald- und Baumgrenzen (Verbreitung der Eiche). Man kann ferner nach den prähistorischen Funden ziemlich gut abschätzen, dass seit dieser letzten warmen Zeit 7.000 bis 10.000 Jahre verflossen sind, diese Periode demnach in die letzte Maximumperiode der Schiefe der Ekliptik hineinfiel, für welche Ekholm die Temperaturabweichungen berechnet hat.

Mai bis August waren damals wärmer als jetzt: unter 70° um 3,1°, unter 65° um 2,4°, und unter 60° um 1,9°, was mit der früheren Pflanzenverbreitung recht gut stimmt[53].

Spitaler hat nach einer ganz anderen Methode die Temperaturverteilung auf der Erde bei extremen Werten der Schiefe der Ekliptik (auch für die südliche Halbkugel) zu berechnen versucht, für Januar, Juli und für das Jahr. Das Ergebnis ist im wesentlichen dasselbe wie oben. Beim Maximum der Schiefe ist der Januar sowie das Jahr auf der ganzen Erde (bis 40° S) kälter als jetzt, der Juli ist von 40° N bis zum Pol wärmer, die ganze Erde aber kälter. Beim Minimum herrscht im Sommer der höheren Breiten (von 40° an) eine niedrigere Temperatur, es folgt aber darauf ein milder Winter (Januar von 30° bis 60° um 1,3° wärmer als jetzt), auch das Jahresmittel ist etwas höher.

Spitaler knüpft daran noch einen anderen Schluss. Da beim Maximum der Schiefe der Ekliptik der Äquator kühler wird, so werden die warmen Meeresströmungen dann schwächer, umgekehrt verhält es sich beim Minimum der Schiefe. Er ver-

---

53 Ekholm 1. c., dann Gunnar Andersson (Stockholm), Das nacheiszeitliche Klima von Schweden. Zürich 1903. — Die Entwicklungsgeschichte der skandinavischen Flora. Intern, bot. Kongreß Wien 1905. Fischer, Jena. — S. auch Pet. Geogr. Mitt. 1904. Lit.-B. S. 105.

legt deshalb auch die Eiszeiten auf die Zeiten des Maximums der Schiefe der Ekliptik, und den Rückzug der Vergletscherung auf das Eintreten des Minimums der Schiefe der Ekliptik, bei dem die Temperatur der ganzen Erde etwas zunimmt.

B) DIE EXZENTRIZITÄT DER ERDBAHN ...

... kann zwischen den Grenzen 0,0777 und nahe Null schwanken. Die Wärmemenge, welche die ganze Erde von der Sonne erhält, nimmt etwas zu, wenn die Exzentrizität größer wird, und zwar im verkehrten Verhältnis zu $\sqrt{1-\varepsilon^2}$, wenn mit ε die Exzentrizität bezeichnet wird[54] . Setzen wir die jetzige Wärmemenge (bei der Exzentrizität 0,0168) gleich 1, so wird die Erde beim Maximum der Exzentrizität eine Wärmemenge gleich 1,0030 von der Sonne erhalten, d. i. 0,3% mehr. Der Unterschied ist also unbedeutend. Bedeutend ist dagegen der Einfluss, welchen eine große Exzentrizität auf die Unterschiede in der Intensität der Sonnenstrahlung im Perihel und im Aphel ausübt.

Während jetzt die Intensität im Perihel bloß um $^1/_{15}$ größer ist als im Aphel, steigt dieser Unterschied beim Maximum der Exzentrizität auf nahe ⅓. Für jene Hemisphäre, deren Winter dann in die Perihelstellung der Erde fällt, wird der Unterschied der Jahreszeiten erheblich verringert, weil durch die große Sonnennähe die geringe Höhe der Sonne über den Horizont zum Teil kompensiert wird. Im Sommer dagegen ist trotz der großen Sonnenhöhe die Strahlung vermindert, weil die Sonne viel weiter entfernt ist.

Für die andere Hemisphäre, deren Winter in das Aphelium fällt, wird der Unterschied der Jahreszeiten in gleicher Weise verstärkt. Man muss sich aber doch vor einer Überschätzung dieses Einflusses hüten, die nahe liegt. Bei der extremsten Exzentrizität würde die (Langleysche) Solarkonstante im Perihel 3,53 und im Aphel 2,47, im Mittel während der extremen Jahreszeiten etwa 3,26 und 2,73 sein. Der 50. Breitengrad (N) erhält gegenwärtig nach Angot (Transmissionskoeffizient 0,7)

---

54   Die Wärmemenge, welche die Erde im Laufe des Jahres von der Sonne erhält, ist, wenn T die Umlaufzeit, a die halbe große Achse und C eine Konstante bezeichnen, CT: $a^2\sqrt{1-\varepsilon^2}$ Die Umlaufzeit, sowie die halbe große Achse bleiben konstant, die Wärmemenge kann also nur mit ε variieren.

60

im Winterhalbjahr 22,9 und im Sommerhalbjahr 95,6 Wärmetage (Unterschied 72,7). Bei extremster Exzentrizität, wenn zugleich die nördliche Hemisphäre wie jetzt ihren Winter im Perihel haben würde, wären diese Wärmemengen 24,9 und 87,0 (Unterschied 62,1), das Winterhalbjahr gewinnt 2 Wärmetage, das Sommerhalbjahr verliert dann 8,6. Für den 50. Breitengrad der südlichen Halbkugel würde sich das Verhältnis gleichzeitig so stellen: Sommerhalbjahr 103,9 Wärmetage, Winterhalbjahr 20,8, Unterschied 83,1 Wärmetage; dieser Unterschied wäre also um ⅓ größer als jener auf der nördlichen Halbkugel. Der Winter der südlichen Halbkugel bekäme um 4 Wärmetage (also zirka 2%) weniger als gleichzeitig jener der nördlichen Halbkugel; der Sommer dagegen um 16,9 Tage mehr, d. i. auch nahe 2% der jetzigen Wärmemenge.

Jene Hemisphäre, deren Winter in das Perihelium der Erdbahn fällt, hat also ein gemäßigtes solares Klima, eine kleinere Jahresschwankung der Wärme, die andere hat gleichzeitig ein exzessives solares Klima mit einer großen Jahresschwankung. Bei der gegenwärtigen Exzentrizität der Erdbahn (rund $^1/_{60}$) ist die ungleiche Verteilung von Wasser und Land auf den beiden Halbkugeln von so großem Einfluss auf die Klimate, dass diese theoretischen Verhältnisse nicht nur nicht zur Erscheinung kommen, sondern dass das reale Klima geradezu im Gegensatz zum solaren Klima steht. Die nördliche (Land-)Hemisphäre, deren Winter mit dem Perihelium zusammenfällt, hat ein sehr exzessives, die südliche (Wasser-) Hemisphäre hat ein sehr gemäßigtes Klima. Daraus darf man wohl mit vollem Rechte schließen, dass selbst eine extreme Exzentrizität der Erdbahn die jetzt bestehenden klimatischen Unterschiede der beiden Hemisphären nicht ganz aufzuheben im stande sein dürfte, sondern dass sie in dem einen Falle (Winter der nördlichen Halbkugel wie jetzt im Perihelium) sich bloß abschwächen, in dem anderen verschärfen würden. Die ungleiche Verteilung von Wasser und Land auf den beiden Hemisphären ist der mächtigste klimatische Faktor.

C) UNTERSCHIED IN DER DAUER DER JAHRESZEITEN.

Eine große Exzentrizität der Erdbahn hat aber noch eine andere bedeutsame Konsequenz, sie kann große Unterschiede zwischen der Dauer des Winterhalbjahres und des Sommerhalbjahres bewirken. Unter Winterhalbjahr oder kurz Winter verstehen wir jene Zeit, während welcher für die in Rede stehende Hemisphäre die Sonne unter dem Himmelsäquator bleibt (die Deklination der Sonne negativ ist); unter Sommer die Zeit, während welcher die Sonne über dem Himmelsäquator steht, das sind also die Zeiten zwischen den Äquinoktien.

Nur wenn der Frühlingspunkt mit dem Perihel oder Aphel zusammenfällt, ist bei einer exzentrischen Bahn die Länge der extremen Jahreszeiten die gleiche, Sommer und Winter währen genau je ein halbes Jahr. Wenn dies nicht der Fall ist, sind die Jahreszeiten ungleich, die Ungleichheit ist am größten, wenn die Exzentrizität im Maximum ist und gleichzeitig die Linie, welche den Frühlings- und Herbstpunkt in der exzentrischen Erdbahn verbindet, auf der Apsidenlinie (welche Perihel und Aphel verbindet) senkrecht steht. Erstere Linie teilt dann die Erdbahn in zwei ungleich lange Strecken, eine kürzere Strecke, welche das Perihel enthält, in welcher zudem wegen der Sonnennähe die tägliche Bewegung der Erde größer ist, und eine längere Strecke, welche das Aphel enthält und welche von der Erde mit verzögerter Geschwindigkeit durchlaufen wird. Daraus ergibt sich, dass die Strecke vom Frühlingspunkt zum Herbstpunkt (Sommer) nicht in der gleichen Zeit zurückgelegt werden kann als jene vom Herbst-zum Frühlingspunkt (Winter). Hat eine Hemisphäre (wie jetzt die nördliche) ihren Winter im Perihelium, so ist der Winter kürzer als der Sommer, auf der anderen Hemisphäre ist gleichzeitig das Umgekehrte der Fall. Der Unterschied der Dauer der Jahreszeiten in Tagen ist bei einer gegebenen Exzentrizität ε gleich $465 \times \varepsilon$. Gegenwärtig, wo $\varepsilon = 0{,}0168$, ist der Unterschied 7,8 Tage, um so viel Tage verweilt die Sonne länger nördlich vom Äquator als südlich davon. Bei der größten Exzentrizität nach La place kann der Unterschied gleich 36,1 Tage werden, also auf mehr als einen Monat anwachsen, nimmt man nach Lagrange, Leverrier und Stockwell als Maximum bloß 0,0745, so wird der extreme Unterschied der Jahreszeiten auch noch 34,6 Tage.

Die fortschreitende Änderung in der Lage der Nachtgleichepunkte beträgt 50,26 Sekunden jährlich, in einer Zeit von zirka 25.800 Jahren würde daher der Frühlingspunkt einen vollen Umkreis zurückgelegt haben. Da aber zugleich die große Achse der Erdbahn auch eine fortschreitende Bewegung hat, und zwar in entgegengesetzter Richtung, so gelangt der Frühlingspunkt schon früher, und zwar in rund 21.000 Jahren, in seine frühere Lage zurück. Dies ist also die ganze Dauer der Periode, um welche es sich hier handelt. Fällt der Frühlingspunkt in einer bestimmten Epoche mit dem Perihel oder Aphel zusammen, so ist der Unterschied der Jahreszeiten Null, er wächst dann rund durch 5.000 Jahre, bis er ein Maximum erreicht, um dann wieder in den nächsten 5.000 Jahren abzunehmen.

Während zirka 10.000 Jahren hat also die eine Hemisphäre den langen Winter und den kurzen Sommer, während der nächsten 10.000 Jahre tritt dies für die andere Hemisphäre ein.

Da die Zeiten, während welcher die Exzentrizität der Erdbahn bei einem maximalen Wert sich hält, sehr viel länger sind, als diese Periode, so treten immer während einer Periode großer Exzentrizität diese Ungleichheiten in der Dauer der Jahreszeiten mehrmals ein und treffen die beiden Hemisphären im entgegengesetzten Sinne[55].

Auf diese periodisch wiederkehrenden, zeitweilig bis zu einem hohen Betrage anwachsenden Unterschiede in der Dauer des Sommer und Winterhalbjahrs sind verschiedene Theori-

---

55　In Bezug auf eine eingehendere Erörterung dieser Verhältnisse muß auf die Lehrbücher der Astronomie verwiesen werden; auch meine „Allg. Erdkunde" V. Aufl., S. 9, 82 und 148 kann nachgesehen werden.

en über große Klimawechsel, welche die beiden Hemisphären stets im entgegengesetzten Sinne treffen, gegründet worden.

Theorie von Adhémar.

Die erste derselben ist die des französischen Mathematikers Adhémar[56] . Nach seiner Theorie häufen sich auf jener Hemisphäre, welche den langen Winter hat, die Eismassen um deren Pol derart an, dass der Erdschwerpunkt etwas gegen diese Hemisphäre hin verschoben wird. Dies bewirkt eine teilweise Versetzung der Wassermassen der Ozeane und eine Überflutung dieser Halbkugel, welche dann die Abkühlung noch weiter steigert. Die südliche Hemisphäre, welche gegenwärtig den längeren Winter hat, demonstriert uns (scheinbar) diese Konsequenzen. Sie zeigt uns die Überflutung des Landes in der eigentümlichen Gestalt der südlichen Teile der Kontinente und in der ungeheuren Ausdehnung des Ozeans in den mittleren und höheren Breiten, sowie auch das weite Vordringen der unteren Schnee- und Gletschergrenzen.

Die Adhémarsche Theorie hat durch ihre bestechende Form viele Anhänger gefunden und ist unter anderer Einkleidung auch später noch mehrmals wieder aufgefrischt worden. Der Nachweis aber dafür, dass in jener Hemisphäre, welche den längeren Winter hat, in der Tat solche Eismassen sich anhäufen können, dass sie den Erdschwerpunkt so weit verlagern, dass eine teilweise Umsetzung der Wasserhülle der Erdoberfläche auf jene Hemisphäre hinüber eintreten muss, ist bisher nicht erbracht worden; im Gegenteil hat man die Möglichkeit einer für die Adhémarsche Theorie genügenden Verlagerung des Erdschwerpunktes durch polare Eisanhäufungen zurückgewiesen.

J. N. Schmick hat die periodischen Wasserversetzungen, die er gleichwie Adhémar annimmt, auf eine andere Ursache zurückzuführen gesucht, die scheinbar einer mathematisch-physikalischen Demonstration sich zugänglicher erweist.

---

56   Adhémar: Les révolutions de la mer, déluges périodiques. Paris 1842.

64

Gegenwärtig hat die südliche Hemisphäre ihren Sommer im Perihel und der der Sonne nächste Punkt der Erdoberfläche liegt deshalb auf der südlichen Hemisphäre. Dadurch wird die Sonnenflut auf derselben verstärkt und zwar, wie Schmick berechnet, um 4 cm. Es werden infolgedessen täglich große Wassermengen auf die südliche Halbkugel hinübergeführt. Dieselben können nicht mehr abfließen, weil dann, wenn diese Wirkung im Aphel aufhört, die Anziehungskraft der Sonne kleiner ist (!). Dazu kommt, dass sich durch den Übertritt größerer Wassermengen auf die südliche Halbkugel der Schwerpunkt der Erde gegen diese hin etwas verschiebt, was eine teilweise Überflutung derselben zur Folge hat. Damit geht dann parallel eine größere Abkühlung dieser Halbkugel, es wird mehr Wasser in Eis verwandelt, das nun auf derselben festgehalten wird etc. Jene Hemisphäre, welche den Sommer im Perihelium hat, erleidet diese Überflutungen und Abkühlungen. Die Lehre von Schmick hat wegen ihrer auf einer scheinbar richtigen physikalischen Fluttheorie beruhenden Basis eine Zeitlang bei angesehenen Gelehrten und Naturforschern Anerkennung und Zustimmung gefunden. Die gründlichste Widerlegung der Schmickschen Ansichten über die Möglichkeit einer derartigen Wasser Versetzung durch die Sonnenflut hat Zöppritz geliefert[57].

Theorie von James Croll.

Von weit größerer Bedeutung, von anhaltenderer und viel tiefer gehender Wirkung ist die von James Croll aufgestellte Theorie der großen periodischen Klimaschwankungen geworden. Auch Crolls Theorie knüpft an die ungleiche Dauer der Jahreszeiten bei großer Exzentrizität der Erdbahn an, er baut

---

57 Schmick, Die Umsetzungen der Meere und die Eiszeiten der Halbkugeln der Erde, ihre Ursachen und Perioden. Köln 1869. Die neue Theorie periodischer säkularer Schwankungen des Seespiegels und gleichzeitiger Verschiebung der Wärmezonen auf der Nord- und Südhalbkugel. Münster 1872. Das Flutphänomen etc. Leipzig 1874 u. 1876. Die Aralo-Kaspi-Niederung und ihre Befunde im Lichte der Lehre von den säkularen Schwankungen des Seespiegels und der Wärmezonen. Leipzig 1874. Zöppritz, Kritik dieser Schriften in den Göttinger Gelehrten Anzeigen 1878, S. 868.

dieselbe aber in sehr geschickter und scharfsinniger Weise auf rein klimatologischer Grundlage auf, wobei er namentlich den großen Einfluss der warmen Meeresströmungen auf die Milderung des Klimas der höheren Breiten zu Gunsten seiner Lehre in wirksamer Weise zu verwerten verstanden hat. Dabei kam er in die Lage, die „Windtheorie" der Meeresströmungen lebhaft verteidigen zu müssen, die damals vielfach bestritten wurde. Crolls Theorie wird deshalb auch dann noch einen ehrenvollen Platz in der Geschichte unserer Wissenschaft einnehmen, wenn sie der Hauptsache nach ihren letzten Anhänger verloren haben wird. Man wird nicht vergessen dürfen, welche vortrefflichen Dienste sie der Klimalehre geleistet hat, durch Aufstellung neuer Gesichtspunkte, scharfe Hervorhebung früher mehr übersehener klimatischer Faktoren, sowie namentlich durch die lehrreichen Diskussionen, zu welchen der Streit um diese Theorie Veranlassung gegeben hat. Noch jetzt zählt die Theorie von James Croll hervorragende Naturforscher zu ihren Anhängern, natürlich vornehmlich in England[58] . Aus allen diesen Gründen müssen wir uns mit derselben etwas eingehender beschäftigen [59] .

Die Lehre von J. Croll ist, zumeist mit seinen eigenen Worten dargelegt, kurz gefasst folgende[60] :

Wenn der Winter im Aphelium eintritt während einer Periode sehr großer Exzentrizität der Erdbahn, dann ist er sehr viel länger und kälter als jetzt. Schnee fällt dann in den gemäßigten Zonen auch in jenen Breiten, wo jetzt nur Regen fällt,

---

58   Alfred R. Wallace, Island Life. London 1880. Der Autor ist ein eifriger Verteidiger einer etwas modifizierten Crollschen Theorie. James Geikie, The great Ice Age. III. Ed., 1894. Der Autor ist noch jetzt der Ansicht, daß in der Crollschen Theorie die wahrscheinlichste Erklärung der Eiszeiten enthalten ist.

59   James Croll hat seine Theorie zuerst in zahlreichen Abhandlungen im Philosophical und im Geological Magazine veröffentlicht, die erste unter dem Titel: On the physical cause of the change of climate during geological epochs. Philosoph. Mag. XXVIII. 1864 Diese Abhandlungen sind spater in Buchform gesammelt erschienen unter dem Titel: Climate and time in their geological relations, a theory of secular changes of the earth's climate. London 1875. Ferner in: Discussions on climate and cosmology. London 1889.

60   Man bekommt durch diese Zitate zugleich eine Vorstellung der Crollschen Schlußweise, die oft recht unbestimmt und deshalb nicht so leicht zu widerlegen ist.

66

und wenn auch der Schneefall nicht besonders groß ist, so wird die Schneedecke doch bleiben und nicht schmelzen, weil die Temperatur tief unter dem Gefrierpunkt bleibt. Wenn dann der Frühling und der Sommer herannahen, so wird die steigende Temperatur durch die größere Verdunstung auf den Meeren zuerst den Schneefall auf dem Lande noch steigern. Wenn aber auch später der Schnee zu schmelzen beginnt, so wird es doch lange dauern, bis das niedrige Land schneefrei wird, und auf nicht sehr hohen Bergen wird der Schnee liegen bleiben, und bald im Herbste beginnt der Schneefall von neuem. Das nächste Jahr bringt eine Wiederholung dieses Vorganges mit dem Unterschiede, dass nun die Schneelinie schon zu einem niedrigeren Niveau herabsteigt, wie im Vorjahr. Jahr auf Jahr wird so die Schneegrenze herabsteigen, bis endlich alles höhere Land dauernd mit Schnee bedeckt bleibt. Die Täler füllen sich dann mit Gletschern und etwa die Hälfte von Schottland, ein großer Teil von England und Wales, nahezu ganz Norwegen wird mit Eis und Schnee bedeckt sein. Damit kommt nun ein neuer und mächtiger Faktor zur Geltung, der die Vergletscherung stark beschleunigt: die Wirkung einer Schneedecke auf das Klima. Die ausgedehnten Schnee- und Eisflächen werden den von den Winden herbeigeführten Wasserdampf in Schnee verwandeln. Sie werden auch während des Sommers die Luft abkühlen, dichte anhaltende Nebel erzeugen, welche die Sonnenstrahlen abhalten und zu klimatischen Verhältnissen fuhren, wie sie jetzt z. B. in Südgeorgien vorwalten. Das Schmelzen des Schnees wird dadurch stark verzögert.

Es ist ein Irrtum, wenn man annimmt, dass die Sommer im Perihelium der Glazialperiode heiß sein müssen. Kein mit Schnee und Eis bedeckter Kontinent kann einen heißen Sommer haben, wie die gegenwärtigen Verhältnisse von Grönland zeigen. „Selbst Indien würde, wenn mit einer Eisschicht bedeckt, einen Sommer haben, kälter als jetzt der von England". Dazu kommt noch ein Umstand von äußerster Wichtigkeit, d. i. die gegenseitige Reaktion der physikalischen Verhältnisse.

Dia große Exzentrizität bedingt lange und kalte Winter in der einen Hemisphäre. Die Kälte bedingt ausgebreiteteren Schneefall, die Schneedecke steigert wieder die Kälte, sie kühlt die Luft ab und fuhrt zu weiteren Schneefällen. Damit kommt ein dritter Faktor ins Spiel: die Wolken-und Nebelbildung, welche die Sonnenstrahlen abhält, die Kraft der Sonne schwächt und die Anhäufung von Schnee vermehrt. So steigert die Kälte den Schneefall und dieser wieder die Kälte, die Wirkung verstärkt wieder die Ursache.

Während sich derart Schnee und Eis auf der einen Hemisphäre anhäufen, vermindern sie sich auf der anderen. Dies verstärkt die Passatwinde auf der kalten Hemisphäre und schwächt sie auf der wärmeren. Die Wirkung wird sein, dass das warme Wasser der Tropenmeere mehr und mehr in die mittleren Breiten der warmen Hemisphäre hinüber getrieben wird. Wäre z. B. die nördliche Hemisphäre die kalte Hemisphäre mit dem langen Winter im Aphelium, so würde der Golfstrom auf diese Weise mehr und mehr an Volumen abnehmen, während die warmen Meeresströmungen der südlichen Hemisphäre gleichzeitig an Stärke gewinnen würden. Diese Abkehrung der Wärmequellen für die höheren Breiten der nördlichen Hemisphäre wird wieder die Anhäufung von Schnee und Eis auf derselben begünstigen, und damit werden die warmen Meeresströmungen noch weiter abgeschwächt[61] .

---

61 Dies ist ein Hauptargument der Crollschen Theorie. Der Autor hat in mehreren Abhandlungen die außerordentliche Wichtigkeit des Golfstroms und der warmen Meeresströmungen überhaupt für die Milderung der Temperatur der höheren Breiten nachzuweisen gesucht. Die große Mächtigkeit der nordhemisphärischen Warmwasserströme ist aber bedingt durch das Übergreifen des SE-Passates auf die nördliche Hemisphäre, wodurch das warme Oberflächenwasser der ganzen Äquatorialzone auf die nördliche Hemisphäre hinübergetrieben wird und zur Speisung dieser Ströme dient. Dieses Übergreifen des SE-Passates ist aber eine Folge der niedrigen Temperatur der südlichen Halbkugel und diese wieder des längeren Winters derselben. Kehrt sich dieses letztere Verhältnis zu Ungunsten der nördlichen Hemisphäre um, so wird der NE-Passat die Rolle spielen, die jetzt dem SE-Passat zukommt, er wird in die südliche Hemisphäre hinüberwehen und das warme Wasser der nördlichen Halbkugel auf die südliche hinüberschaffen, wodurch die im Text erwähnte Abkehrung der jetzigen warmen Strömungen hervorgerufen und eine bedeutende Verschlechterung des Klimas der höheren Breiten bedingt werden wird.

So verstärken sich diese beiden Wirkungen gegenseitig.

Der gleiche Prozess einer gegenseitigen Aktion und Reaktion tritt auch in Wirkung auf der warmen Hemisphäre, nur in gerade entgegengesetzter Richtung. In dieser wirkt alles zusammen die mittlere Temperatur zu erhöhen und die Quantität von Schnee und Eis in der gemäßigten und kalten Zone zu verringern. Alle diese Kräfte werden aber in Aktion gesetzt durch eine große Exzentrizität der Erdbahn bei gleichzeitiger extremer Perihelstellung.

Dies ist im wesentlichen die Crollsche Theorie der Eiszeiten. Die Interglazialzeiten entsprechen den Perioden, während welcher eine Hemisphäre den Winter im Perihel und damit den langen Sommer hat. Die Perioden gleicher Dauer von Sommer und Winter auf beiden Halbkugeln sind Übergangszeiten.

Gegen die Theorie von Croll lässt sich zunächst einwenden, dass die bekannten gegenwärtigen klimatischen Verhältnisse der beiden Halbkugeln entschieden dagegen sprechen, eine so enorme Verschlechterung des Klimas auf jener Hemisphäre anzunehmen, welche den (langen) Winter im Aphelium hat. Jetzt beträgt der Unterschied in der Dauer der extremen Jahreszeiten 8 Tage, und wir bemerken nicht nur keinen Effekt derselben, sondern sehen umgekehrt, dass der längere Winter der südlichen Halbkugel milder ist als jener der nördlichen, und dass die Äquatorialgrenze des Winterschneefalls dort durchschnittlich in höheren Breiten sich hält als auf der nördlichen Halbkugel. Es ist im höchsten Grade unwahrscheinlich, dass sich die Verhältnisse so gewaltig ändern sollten, auch wenn der Unterschied in der Dauer der Jahreszeiten 4mal größer geworden ist, und dass ein ganz entgegengesetzter und so extremer Zustand eintreten könnte, wie die Crollsche Theorie ihn verlangt[62].

---

62 Auch die Wirkung des kurzen aber heißen Sommers auf die supponierten Schneeanhäufungen darf man nicht so geringschätzig behandeln, wie dies Croll tut. Eine indische Sonne, welche im Jahre eine Eisschichte von 50 bis 60 m oder täglich 17 cm Dicke zu schmelzen vermag, würde mit einer Schneedecke rasch aufräumen, die ja nicht über

Das größte Gewicht legt Croll auf die Ablenkung der warmen Meeresströmungen, welche bei großer Exzentrizität der Erdbahn in jener Hemisphäre eintreten soll, welche den langen, strengen Winter hat. Dieses Postulat steht auf sehr schwachen Füßen. J. Ball bemerkt dazu, dass wir im Beispiele der südlichen Hemisphäre mit ihrem milden Winter und geringen Temperaturunterschied zwischen der Zirkumpolarregion und dem Äquator ganz deutlich sehen, dass die Strenge der Passatwinde und ihr Übergreifen in die andere Hemisphäre durchaus nicht von einer niedrigen Temperatur und von einem strengen Winter abhängig sein kann, dass demnach Croll kein Recht hat, auf einer kalten Hemisphäre mit strengen Wintern eine besonders kräftige Passatdrift anzunehmen, welche das wärmere Wasser auf die andere Halbkugel hinübertreibt[63] . Mit Recht sagt ferner Woeikof: Nicht der Umstand ist es, dass die südliche Halbkugel jetzt ihren (längeren) Winter im Aphelium hat, welcher bewirkt, dass der SE-Passat derselben auf die nördliche Halbkugel übergreift, die Ursache davon liegt in der weit größeren Ausdehnung der südlichen Ozeane. Dies verleiht den Passaten dort eine größere Kraft und Stetigkeit. Landflächen, selbst Inselgruppen stören die Entwicklung des Passates, sie erzeugen Monsune, Land- und Seewinde und schwächen die Stetigkeit der Passatdrift. Wenn einmal die nördliche Hemisphäre den längeren Winter hat, so ist damit keineswegs die Konsequenz gegeben, dass dann der NE-Passat so viel kräftiger und auf die südliche Halbkugel hinübergreifen würde. Dass gegenwärtig so viel warmes Wasser auf die nördliche Hemisphäre hinüber getrieben wird, daran ist zum großen Teil auch die Formation des Landes in den Tropen schuld, namentlich die Küstengestaltung von Südamerika, nördlich vom Kap St. Roque. Die Lage des Kalmengürtels zwischen den beiden Passaten hängt nicht von der Strenge des Winters der höheren Breiten ab, sie wird durch die allgemeine

---

Nacht zu solcher Mächtigkeit anwachsen könnte.

63 John Ball, Notes of a Naturalist in South America. Appendix B. Remarks on Mr. Croll's Theorie etc. S. 393—406. London 1887.

70

Wärmeverteilung in den niedrigeren Breiten bedingt, also von der Lage des Wärmeäquators. Wir sehen, dass trotz des strengen Winters der nördlichen Hemisphäre der Wärmeäquator und der Kalmengürtel nicht auf die südliche Hemisphäre hinüberwandern. Die Lage derselben dürfte, so lange keine Änderung in der Verteilung von Wasser und Land eintritt, ziemlich dieselbe bleiben. Die größere Wärme der Ozeane auf der nördlichen Halbkugel ist nicht allein in dem Übergreifen des südlichen Passates und seiner warmen Drift begründet. Die seichteren und mehr eingeschlossenen Meere der nördlichen Hemisphäre erwärmen sich stärker; zugleich ist ein Zutritt kalten polaren Wassers und mächtiger Eisdriften, wie im Süden, durch die Landverteilung um den Nordpol fast ausgeschlossen. Die Abkühlung der Meere durch das Schmelzwasser des Polareises etc. ist deshalb in den nördlichen Ozeanen eine geringe, sehr groß aber auf der südlichen Halbkugel. Daran würde ein langer Aphelwinter auf der nördlichen Halbkugel wenig ändern. Die Ablenkung des Golfstromes und der warmen Meeresströmungen überhaupt infolge strengerer Winter muss nach allen diesen als eine höchst unwahrscheinliche Hypothese erscheinen.

Mit Recht macht Howorth auch darauf aufmerksam, dass die Drift des warmen Wassers in die höheren Breiten hinauf von den sogen. Antipassaten besorgt wird. Diese sind aber um so kräftiger, je größer der Temperaturgegensatz zwischen Pol und Äquator ist, sie würden also kräftiger wirken in jener Hemisphäre, die den kalten Winter hat.

Davis betont noch eine andere Konsequenz eines strengeren Winters und damit eines größeren Temperaturgradienten. Die stärkere außertropische Luftzirkulation dürfte bewirken, dass die Winterregen der Subtropenzone weiter zurück in die Passatregion eingreifen, und dass wahrscheinlich auch die Winterniederschläge auf den Kontinenten reichlicher würden.

Astronomische Theorie der Eiszeit von Robert Ball.

Die „Exzentrizitätstheorie" der Eiszeiten ist wieder aufgenommen worden von dem englischen Astronomen Robert Ball[64] . Da man leicht verleitet werden könnte, anzunehmen, dass in dem Buch desselben das alte Problem von neuen Gesichtspunkten aus behandelt werde, so müssen wir kurz bemerken, dass dies keineswegs der Fall ist. Der Satz, auf dem die ganze „neue" Theorie beruht und der in mannigfachen Variationen immer wiederholt wird, lautet: Das Verhältnis der Wärmemenge, welche eine (ganze) Halbkugel im Winter von der Sonne erhält, zu jener, die sie im Sommer empfängt, wird ausgedrückt durch 37 : 63 und ist von den Änderungen der Exzentrizität so gut wie unabhängig[65] . Ball hielt diesen Satz für neu, er ist aber schon von Wiener in dessen wichtiger Abhandlung über die Verteilung der Intensität der Sonnenwärme auf der Erdoberfläche mitgeteilt worden[66] .

Von diesem konstanten Verhältnis ausgehend, beurteilt nun Ball die Wärmeverhältnisse der beiden Hemisphären bei großer Exzentrizität auf Grund folgender Rechnung. Ist der Unterschied der Jahreszeiten auf 35 Tage angewachsen, so dauert der Winter auf jener Hemisphäre, die den Winter im Aphelium hat, 200 Tage, der Sommer 165 Tage. Setzen wir die Wärmemenge des Jahres gleich 365 Wärmetage, so entfallen nach dem obigen Verhältnis (37: 63) davon auf den Winter 136 Wärmetage, auf den Sommer 229. Die Wärmemenge dieser 136 Wärmetage verteilt sich aber nun auf 200 Tage, der Wintertag erhält deshalb durchschnittlich nur 0,68 Wärmeein-

---

64 Astronomical theory of the glacial period. The cause of an Ice Age. London 1891.

65 Setzen wir die Bestrahlung der Hemisphäre im Jahre gleich 1, und bezeichnen wir mit 1 — a die Bestrahlung im Winter, und mit 1 + a die Bestrahlung im Sommer, so ist diese halbe Jahresamplitude a gleich 2 sin δ : π, wenn wir mit δ die Schiefe der Ekliptik bezeichnen. Für δ = 23° 27½' findet man daher a = 0,253, somit 1 — a = 0,747 und 1 + a = 1,253, daher Winter:Sommer = 0,37:0,63 oder besser = 3:5. Dieses Verhältnis gilt aber nur für die ganze Hemisphäre, und wie leicht einzusehen., nicht für die verschiedenen Breiten. Es hat deshalb keine besondere Bedeutung für Glazialtheorien.

66 S. Met. Z. 14, 1879, S. 129.

heiten, der Sommertag dagegen 229:165, d. i. 1,39. Differenz zwischen Sommer- und Wintertag somit 0,71 Wärmeeinheiten. Dies entspricht der Glazialzeit der Hemisphäre. Erhält aber dann diese Hemisphäre den langen Sommer, so kommen auf einen Sommertag 229:200, d. i. 1,14 Wärmeeinheiten, auf einen Wintertag 136:165, d. i. 0,82 Wärmeeinheiten; der Unterschied zwischen dem Sommer- und Wintertag ist dann nur 0,32 Wärmeeinheiten. Dies entspricht der Interglazialzeit. Diese Rechnung sagt nur dasselbe, was wir früher schon spezieller für den 50. Breitengrad angegeben haben. Die Halbkugel, welche bei großer Exzentrizität den langen Winter hat, hat einen exzessiven Unterschied zwischen Winter und Sommer, die andere einen sehr gemäßigten. Für die Erklärung der Eiszeiten ist damit nichts Neues gewonnen, um so weniger, da diese Rechnung nur für eine Hemisphäre als Ganzes gilt, aber keine Anwendung auf bestimmte Breitengrade gestattet.

G. H. Darwin, welcher dem Buch von Ball einen Artikel in der Zeitschrift Nature gewidmet hat[67] , kommt eigentlich zu dem gleichen Schluss. Darwin möchte auf den Satz von R. Ball kein besonderes Gewicht legen und meint, die Hauptsache sei in folgender Betrachtung zu suchen.

Wenn die Exzentrizität am größten ist und der Winter im Aphelium eintritt, so verhält sich die Dauer des Winters zu der des Sommers wie 6:5; umgekehrt, wenn der Sommer auf das Aphelium fällt. Wir haben daher: die tägliche Erwärmung im kurzen Sommer verhält sich zu jener im langen Winter wie $\frac{1}{5}(1 + a) : \frac{1}{6}(1 - a)$; umgekehrt ist in der „Interglazialzeit" das Verhältnis $\frac{1}{6}(1 + a) : \frac{1}{5}(1 - a)$. Vergleichen wir diese extremen Werte der täglichen Erwärmung miteinander, so sehen wir, dass sie sich zueinander verhalten wie

$$\frac{6\,(1+a)}{5\,(1-a)} : \frac{5\,(1+a)}{6\,(1-a)} = \frac{36}{25}.$$

Das Verhältnis der täglichen Erwärmung im Sommer zu jener im Winter in der Zeit des Aphel winters verhält sich zu

---

dem gleichen Verhältnis in der Periode des Aphelsommers wie 36 zu 25. Das ist der schärfere Ausdruck für die relative Exzessivität des Klimas zur Zeit der größten Exzentrizität, wenn der längste Winter mit dem Aphelium zusammenfällt. Dass aber mit dieser exzessiven Jahresschwankung des solaren Klimas noch durchaus nicht die Bedingungen einer Eiszeit gegeben sind, haben wir vorhin schon des näheren erörtert. Die Ableitung des Verhältnisses der Exzessivität ist aber für die theoretische Klimatologie von einigem Interesse. Die Größe a hat für jeden Breitengrad einen anderen Wert, wie wir schon bemerkt haben[68] .

E. Culverwell hat die „Astronomische Theorie" der Eiszeiten von Ball einer gründlichen Diskussion unterzogen und sich die Mühe genommen, auf Grund der Arbeit von Meech die tatsächlichen Wärmemengen zu ermitteln, welche die Breiten von 40 bis 80% im Winter beim Höhepunkt der „Eiszeit", wenn der Winter 200 Tage währt, erhalten. Stellt man jene Breitengrade untereinander, welche im Winter die gleiche Sonnenwärme erhalten, im Höhepunkt der Eiszeit und jetzt, so erhält man folgenden Vergleich.

Gleiche „solare" Winterisothermen finden sich unter folgenden Breiten:

Zur Eiszeit unter	40°	50°	60*	70°	80'N
Um 1900	44,2	54	63,5	74	84,5

Der klimatische Effekt des längsten Winters besteht also im Vergleich zum gegenwärtigen (um 1900) darin, dass z. B. der 54. Breitengrad gegenwärtig dasselbe solare Klima hat, wie in der supponierten Eiszeit der 50. Breitengrad; die Änderung ist geringer, als wenn London in die Breite von Edinburgh hinaufgerückt würde. Culverwell hat gewiss recht, wenn er sagt, dass man aus einer solchen klimatischen Verschiebung noch

---

keine Eiszeit ableiten könne. *„Ja man könnte weitergehen und für Nordeuropa sogar eine Zunahme der Wintertemperatur annehmen*, wenn man darauf Rücksicht nimmt, dass für diese Gegenden die Meeresströmungen die Hauptwärmequelle sind. Da die niedrigeren Breiten zur Zeit des Aphelwinters und Perihelsommers im letzteren eine größere Wärmemenge erhalten als jetzt, das Golfstromwasser also viel stärker vorgewärmt würde, und letzteres zirka 6 Monate braucht, um an den englischen Küsten einzutreffen, so würde gerade das Winterklima von England von der höheren Sommerwärme in niedrigen Breiten Vorteil ziehen*[69] ."*

Die „astronomische Theorie der Eiszeit" erweist sich demnach als leistungsunfähig. Wir erfahren zudem aus allen obigen Erörterungen, dass die bekannten periodischen Änderungen in den Elementen der Erdbahn auf keine sehr großen Schwankungen in den terrestrischen Klimaten zu schließen gestatten, dass also vom astronomischen Standpunkt aus eher auf eine gewisse Beständigkeit der irdischen Klimate geschlossen werden müsste.

L. de Marchi und Arrhenins über die Eiszeit. L. de Marchi kommt nach sehr gründlichen theoretischen Untersuchungen über die klimatischen Bedingungen der Eiszeit und über die Abhängigkeit der Lufttemperatur von den Einstrahlungs- und Ausstrahlungsverhältnissen sowie von der Verteilung von Wasser und Land zu dem Schlüsse, dass weder die astronomischen noch die geologischen[70] Theorien zu einer plausiblen Erklärung der Eiszeit führen.

Er meint dagegen, die Ursache der Eiszeit auf Änderungen in den Eigenschaften der Atmosphäre zurückführen zu können. Eine geringe Verminderung des Transmissionskoeffizienten der Atmosphäre für die Sonnenstrahlung (von 0,6 auf 0,54)

---

69 Edward P. Culverwell: A mode of calculating a limit to the direct effect of great excentricity of the earth's orbit on terrestrial températures, showing the Inadequacy of the astronomical theorie of Ice Age and genial Âges. Philosoph. Mag. Dez. 1894, Vol. 38, S. 541: Geolog. Mag. Jan.-Febr. 1895. S. auch in Nature, Nov. 1894, Vol. 51, S. 33 vom selben Autor eine Kritik der astronomischen Theorie der Eiszeit von Croll und von Ball.

70 Hebungen des Landes.

begleitet von einer entsprechenden Änderung des Transmissionskoeffizienten für die Wärmeausstrahlung der Land- und Wasserflächen dürfte genügen, um die klimatischen Bedingungen einer Eiszeit für die mittleren und höheren Breiten zu erzeugen. Die Jahrestemperatur würde in mittleren und höheren Breiten abnehmen, und zwar stärker im ozeanischen als im kontinentalen Klima[71] . Dadurch würde sich der Temperaturunterschied und damit der Luftdruckunterschied zwischen Kontinent und Ozean in höheren Breiten vermindern, was nach Brückner eine Hauptbedingung für eine Regenperiode auf den Kontinenten ist und damit indirekt auch für ein Vorrücken der Gletscher. Der Temperaturunterschied zwischen Pol und Äquator wird gleichzeitig verschärft, die atmosphärischen Zirkulationsströmungen werden also lebhafter. Auch die verminderte Jahresschwankung der Temperatur in den höheren Breiten würde dem Wachstum der Gletscher günstig sein.

L. de Marchi beruft sich ferner darauf, dass nach Sonklar die Gletscher der Hohen Tauern zur Zeit der jüngsten Maximumperiode derselben 422 Quadratkilometer bedeckten, nach 20jährigem Rückgang derselben nach Brückner aber auf 363 Quadratkilometer reduziert worden sind, also um ein Siebentel; vielleicht kann man sogar ein Fünftel annehmen. Diesem Gletscherrückgang entspricht eine Brücknersche Klimaschwankung von kaum 1°. Marchi meint deshalb, dass eine Temperaturabnahme von 4 bis 5 °, wie er sie berechnet, begleitet von den erwähnten anderen günstigen klimatischen Verhältnissen, wohl das Eintreten einer Eiszeit erklären könn-

---

71   L. de Marchi findet folgende Änderungen der Mitteltemperaturen für q = 0,54, gegen q = 0,60.

Breite	10°	20°	30°	40°	50°	60°	70°	80°	90°
Ozeanisches Klima	-0,1	-0,4	-0,9	-1,6	-2,5	-3,8	-5,0	-4,9	-4,8
Kontinentales Klima	-0,1	-0,5	-1,0	-1,7	-2,4	-3,0	-3,1	-2,5	-1,9

Diese berechneten Temperaturdifferenzen dürften sicherlich eine größere Wahrscheinlichkeit für sich haben als die von Marchi berechneten Temperaturen der Breitegrade selbst, denen wir keine Realität zugestehen möchten. Erstere geben wohl wenigstens den Sinn und die Verteilung der Temperaturänderung richtig an.

76

te.

Wenn dann umgekehrt der Transmissionskoeffizient wieder zunimmt, so bedingt dies eine Wärmezunahme in den höheren Breiten und eine gleichmäßigere Verteilung der Temperatur vom Äquator gegen den Pol hin.

Welche Ursachen einer Abnahme oder Zunahme des Transmissionskoeffizienten der Erdatmosphäre zu Grunde liegen mögen, ob etwa einer Vermehrung oder Verminderung des Gehaltes derselben an Wasserdampf und Kohlensäure, darüber möchte sich de Marchi nicht bestimmt aussprechen[72].

---

72 Luigi de Marchi, Le cause dell' era glaciale. Pavia 1895. S. auch Nature, Vol. 58, S. 876.

Änderung der Lage des Pols.

Die einfachste und naheliegendste Erklärung für große säkulare Klimaschwankungen und eine einstige höhere Temperatur der nördlichen Zirkumpolarregion würde in der Annahme bestehen, dass die Rotationsachse der Erde nicht immer dieselbe geblieben ist, sondern sich z. B. durch geologische Vorgänge, Massenverschiebungen, verlagert haben könne. Diese Hypothese ist oft aufgestellt, öfter aber, auch zum Teil aus geologischen Gründen, als unstatthaft angesehen worden. Hier kann es sich bloß darum handeln, ob die mathematische Physik eine erhebliche Lageänderung der Drehungspole der Erde als zulässig erscheinen lässt.

G. H. Darwin hat dieses mathematische Problem untersucht und ist zu dem Ergebnis gekommen, dass, wenn die Erde absolut starr angenommen wird, der Pol sich bis zu etwa 3° von seiner ursprünglichen Lage entfernt haben kann. Nimmt man aber die Erde als plastisch an (was sie bis zu einem gewissen Grade sicherlich ist), so dass sie sich dem neuen Gleichgewichtszustand hat anpassen können, dann ist ein kumulativer Effekt möglich und der Pol kann um 10 bis 15^0 von seiner ursprünglichen Position sich entfernt haben. In Bezug auf eine Änderung der Schiefe der Ekliptik ist aber eine derartige kumulative Wirkung nicht möglich[73].

In letzterer Zeit hat Schiaparelli sich mit der Frage beschäftigt, ob und in welcher Weise Gestaltänderungen des Erdkörpers die Lage der Drehungspole beeinflussen können[74]. Das Resultat, zu der er gekommen, stimmt im wesentlichen mit jenem von Darwin überein.

---

73 G. H. Darwin, On the influence of geological changes on the earth's axis of rotation. Proc. Royal Soc. London, Nov. 1876. S. a. Nature, Vol. 41, S. 360. — Haughton, Formulae relating to the internal change pof position of the earth's axis, arising from elevations and depressions caused by geological changes. Royal Soc. March 1877. S. a. Nature, Vol. 15, S. 542, s. o. Geogr. Journal, Aug. 1898, S. 71.

74 De la rotation de la terre sous l'influence des actions géologiques. St. Petersburg 1889. H. Hergesell darüber Pet. Geogr. Mitt. 1892, S. 42.

Das Verharren der geographischen Pole in derselben Gegend der Erdoberfläche kann noch nicht unbestreitbar durch astronomische und mechanische Gründe als erwiesen angesehen werden. Die Permanenz der Pole kann heutzutage eine Tatsache sein und müsste dennoch für die Vergangenheit der Erde erst bewiesen werden. Die Permanenz der Lage der Erdpole ist nur bei einem Erdkörper von bestimmter Starrheit möglich. Geologische Prozesse, selbst von geringfügiger Natur, wenn sie nur genügend lange wirken, können die Bedingungen der Permanenz der Pole, wenn sie auch einmal erfüllt ist, immer zerstören und zu Polbewegungen in bedeutendem Ausmaße Veranlassung geben, sofern die Erde nicht absolute Starrheit besitzt.

Wm. M. Davis (American Met. Journ., April 1896, Vol. XII, S. 372) hat in instruktiver Weise die klimatischen Konsequenzen erörtert, welche aus einer Verlagerung des Nordpols auf 70° N und 20° W sich ergeben würden (Vergletscherung Europas und Nordamerikas, Verschiebung der tropischen Regengürtel Afrikas und der angrenzenden Trockengebiete nach Süden etc.), und angedeutet, dass man vielleicht in den Oberflächenformen und Seespiegeländerungen des tropischen Afrika und Amerika Anzeichen dafür Anden könnte.

P. Damian Kreichgauer (Die Äquatorfrage in der Geologie) lässt die Lage der Drehungspole ungeändert, dagegen die feste Erdkruste über den Kern sich verschieben, so dass z. B. die Zirkumpolarländer einst in niedrigeren Breiten gewesen sein können, was allerdings die Erklärung der fossilen Flora (jetzt) im hohen Norden leicht machen würde. (Pol-lichia, Dürkheim a. H., Mai 1904.) Eine ähnliche Ansicht ist neuerlich unabhängig von Kreichgauer auch von Sir John Evans auf der britischen Naturforscherversammlung 1903 erörtert worden. Nature Vol. 70, S. 519.

3.2. DER EINFLUSS VON SONNENWÄRME AUF DEN KLIMAWANDEL

Meldungen aus der Wissenschaft

A) KLIMAZEUGEN DER LETZTEN 2000 JAHRE

IDW 06.09.2006 Meldung von Jeanette Lamble *Generaldirektion – Pressestelle* Staatsbibliothek zu Berlin - Preußischer Kulturbesitz zur Ausstellung "Kartographie und Kunst als bunte Klimazeugen" im September / Oktober 2006[75]

Klimawerte werden erst seit dreihundert Jahren exakt gemessen, die ersten Regeln zur Temperaturmessung datieren rund einhundert Jahre zurück. Woraus aber schöpfen wir heute Gewissheiten über frühere Klimawandel und Veränderungen der Natur? Dazu befragen Wissenschaftler mittels Eisbohrkernen, Pollenanalysen und anderer Methoden nicht nur die indirekten geologischen Klimazeugen. Sie stützen sich auch auf Zeugen ganz anderer Art, welche in Museen, Bibliotheken und Archiven darauf warten, die in ihnen auch rund um die Entwicklung des Klimas gespeicherten Informationen preiszugeben: Ölgemälde, handgezeichnete Landkarten, Altanten, Chroniken, Jahreszeiten- und Monatsbilder und anderes mehr.

Wie groß die Ausdehnung von Meereis im Europäischen Nordmeer zwischen dem 2. und 15. Jh. war, dass die zurecht vermutete Nordwest-Passage Richtung China durch Packeis blockiert war und erst 1850 direkt nach dem Ende der "kleinen Eiszeit" entdeckt werden konnte, dass Weinanbau bis weit in den Norden Europas hinein verbreitet war, jedoch mit dem Vordringen der Alpengletscher aufgegeben werden musste, wie groß die maximale Ausdehnung der Gletscher um 1850 war und wie sich ihr massiver Rückzug bis heute gestaltet, wann Darstellungen von Schnee erstmals in Wandmalereien, Stundenbüchern und anderen Werken auftauchten - die Aus-

---

75 http://idwf.de/-qebAA

stellung "Kartographie und Kunst als bunte Klimazeugen" gibt ungewöhnliche Antworten auf Fragen an die Geschichte des Klimawandels und der fortwährenden Klimaveränderungen in Europa.

Der Kurator der Ausstellung, Kurt Brunner, ist Professor für Kartographie und Topographie an der Universität der Bundeswehr München und Mitglied der Kommission für Glaziologie der Bayerischen Akademie der Wissenschaften. Aus Anlass des 20-jährigen Jubiläums des Freundeskreises für Cartographica in der Stiftung Preußischer Kulturbesitz e.V. arrangierte er 40 Objekte in zwei fünf Meter langen Wandvitrinen sowie in fünf weiteren Vitrinen zu einer Ausstellung, die sich auf mehrere große Themenkomplexe verteilt:

KLIMAVARIABILITÄT - **Der fortwährende Wandel des Klimas verzeichnete allein in den letzten zwei Jahrtausenden fünf große Klimaepochen**, die anhand von Klimadiagrammen nachvollzogen werden können:

- Klimaoptimum der Römerzeit (200 v.Chr. - 400 n.Chr.),
- Klimapessimismus der germanischen Völkerwanderungen (400 - 800),
- Mittelalterliches Klimaoptimum (800 - 1300),
- allgemeine Klimaverschlechterung im 14. Jh. mit Kleiner Eiszeit (1450 - 1850),
- zeitgenössisches Klimaoptimum (seit 1850).

PTOLEMÄUS-HANDSCHRIFTEN - Lateinische Weltkarten, im 15. Jh. nach Zeichnungen des griechischen Geographen und Mathematikers Claudius Ptolemäus aus dem 2. Jh. gefertigt, belegen das **zwischenzeitliche Vordringen von Meereis bis nach Europa** - bei Ptolemäus waren solche Hinweise noch nicht enthalten. In der Ausstellung befinden sich Karten verschiedener Autoren in Ptolemäischer Darstellung, darunter aus dem ersten in Deutschland hergestellten Ptolemäus-Atlas von 1482.

JAHRESZEITEN- UND MONATSBILDER - Seit der Antike zeichnen die Menschen ihr Leben in den verschiedenen Jahreszeiten. Schon viele Jahrhunderte zuvor hatte das Motiv des offenen Feuers eine große Rolle gespielt, als **im 14. Jh. die ersten Winterbilder mit realistisch dargestelltem Schnee** auftauchten. Ein besonderes Zeugnis ist die Wandmalerei im Löwenturm in Trient von 1405, wo ein Januarbild mit der Darstellung einer Schneeballschlacht erhalten ist. Ein handschriftliches Lehrbuch der Astronomie und Kalender der Diözese Mainz aus der Zeit um 1450, zu sehen in der Ausstellung, zeigt in einem Monatsbild für den Februar einen Mann, der seine Füße am Feuer wärmt.

DIE SUCHE NACH EINER NORDWEST-PASSAGE - Weltkarten und Atlaskarten aus mehreren Jahrhunderten zeigen, dass die lange Suche nach der Passage nicht allein mit Navigationsgeschick, Ausstattung sowie dem Willen und Können der Seeleute zu tun hatte, sondern dass die Natur die seit dem 16. Jh. vermutete **Passage erst 1850 mit dem Schmelzen des Packeises für den Menschen frei** gab. Dokumentiert wird dieses Kapitel der Entdeckerfahrten anhand von Karten aus der Offizin von Blaeu sowie durch die berühmten Atlanten von Adolf Stieler, deren verschiedenen Ausgaben der jeweilige Forschungsstand zu entnehmen ist.

AUGENSCHEIN-, REGIONALKARTEN UND FRÜHE LANDESAUFNAHMEN - Ab 1500 treten neue Karten auf: Für Verwaltung und Gerichte gezeichnete Augenscheinkarten, gedruckte Regionalkarten, erste handgezeichnete Ergebnisse von Landesaufnahmen. Diese kartographischen Produkte belegen u. a. die **klimabedingte Einstellung des Weinbaus in nördlichen Regionen** sowie das zum Teil **massive Vorstoßen von Alpengletschern im 16. und 17. Jh.**, in der Ausstellung an Beispielen aus dem Filstal und dem Donautal zu verfolgen.

WINTERLANDSCHAFTEN BEI PIETER BRUEGHEL D. Ä.UND CASPAR DAVID FRIEDRICH - 1565 schuf der flämische Maler Pieter Brueghel d. Ä. mit dem Gemälde "Jäger im Schnee" die berühmteste Winterlandschaft der europäischen Malerei. Im gesamten 17. Jh. malten danach flämische und holländische Künstler viele Winterbilder, die Eisvergnügen wie das Schlittschuhlaufen beinhalten. Im 19. Jh. malte der deutsche Romantiker Caspar David Friedrich zahlreiche Bilder mit Eis und Schnee, darunter 1823/24 das Ölgemälde "Das Eismeer", welches in faszinierender Präzision Meereisschollen vor einem gestrandeten Schiff zeigt. Die Ansicht der Eisschollen hatte Friedrich zuvor auf der Elbe studieren können. Abbildungen aus Büchern rufen die berühmten Gemälde ins Gedächtnis.

KARTENWERKE DES 18. UND HOCHGEBIRGSKARTEN AB MITTE DES 19. JH.- 1774 dokumentiert der "Atlas Tyrolensis" in einer Grundrissdarstellung die Stände der Gletscher jener Zeit; zur Mitte des 19. Jh. werden erste Karten bearbeitet, welche sich ausschließlich dem Phänomen Gletscher widmen und dabei unbewusst den letzten Maximalstand der Alpengletscher um 1850 dokumentieren. Ab 1880 entstehen in den Ostalpen zahlreiche genaue Gletscherkarten in großen Maßstäben, welche den **seit 1850 anhaltenden Rückzug der Alpengletscher belegen**. In der Ausstellung sind Karten desselben Gebietes zu unterschiedlichen Zeiten und mit rekonstruierten Zeitschnitten ausgestellt.

B) DIE SPÄTANTIKE KLEINE EISZEIT VOR 1500 JAHREN

Neue Jahrringmessungen aus dem russischen Altai-Gebirge deuten auf eine drastische Kälteperiode vor 1500 Jahren hin.Foto: Vladimir S. Myglan

IDW 08.02.2016 Meldung von Reinhard Lässig Medienkontakt WSL Birmensdorf, Eidgenössische Forschungsanstalt für Wald, Schnee und Landschaft WSL [76]

Jahresringmessungen decken eine drastische Kälteperiode in Eurasien zwischen 536 und etwa 660 nach Christus auf. Sie überlagert sich zeitlich mit der Justinianischen Pest sowie mit politischen Umwälzungen und Völkerwanderungen sowohl in Europa als auch in Asien. Dies berichtet ein interdisziplinäres Team unter Leitung der Eidg. Forschungsanstalt WSL und des Oeschger-Zentrums der Universität Bern im Fachjournal "Nature Geoscience".

---

76   http://idwf.de/-CdocAA

84

Die Wissenschaftler um den Jahresringforscher Ulf Büntgen von der WSL konnten erstmals präzise die Sommertemperaturen der letzten 2000 Jahre in Zentralasien rekonstruieren. Möglich machten dies neue Jahresringmessungen aus dem russischen Altai-Gebirge. Die Ergebnisse ergänzen die bereits 2011 im Fachjournal "Science" von Büntgen und Kollegen publizierte Klimageschichte der Alpen, welche 2500 Jahre zurückreicht. "Der Temperaturverlauf im Altai passt erstaunlich gut mit dem der Alpen überein", sagt Büntgen. Die Studie ermöglicht erstmals Aussagen über die Sommertemperaturen in großen Teilen Eurasiens für die letzten 2000 Jahre.

Aus der Breite der Jahresringe kann man die sommerlichen Klimabedingungen der Vergangenheit jahrgenau ableiten. Dabei stach den Forschenden eine Kälteperiode im 6. Jahrhundert ins Auge, die noch **kälter, länger und grossräumiger** war als die bisher bekannten Temperatureinbrüche innerhalb der **„Kleinen Eiszeit" zwischen dem 13. und 19. Jahrhundert.** "Es war die stärkste Abkühlung auf der Nordhalbkugel während der letzten 2000 Jahre", sagt Büntgen.

Klima und Kultur

Die Forschenden bezeichnen deshalb erstmals den Zeitraum von 536 bis etwa 660 nach Christus als "Spätantike Kleine Eiszeit" (Late Antique Little Ice Age, LALIA). Auslöser waren drei grosse Vulkanausbrüche in den Jahren 536, 540 und 547 nach Christus, deren Effekt auf das Klima durch die verzögernde Wirkung der Ozeane und ein Minimum der Sonnenaktivität noch verlängert wurde.

Gemäß dem Team aus Natur-, Geschichts- und Sprachforschern fällt eine ganze Reihe von gesellschaftlichen Umwälzungen in diese Periode. Nach Hungersnöten etablierte sich zwischen 541 und 543 die Justinianische Pest, die in den folgenden Jahrhunderten Millionen von Menschen dahinraffte und vermutlich zum Ende des Oströmischen Reichs beitrug.

Völkerwanderungen

In die von den Römern verlassenen Gebiete im Osten des heutigen Europas wanderten Frühslawisch sprechende Menschen ein, vermutlich aus den Karpaten, und definierten den slawischen Sprachraum. Auch die Expansion des Arabischen Reichs in den Mittleren Osten könnte von der kühlen Periode begünstigt worden sein, mutmaßen die Forschenden: Auf der arabischen Halbinsel gab es mehr Regen, mehr Vegetation und somit mehr Futter für Kamelherden, welche die arabischen Armeen für ihre Kriegszüge nutzten.

In kühleren Gebieten wanderten einzelne Völker auch nach Osten in Richtung China, vermutlich wegen eines Mangels an Weideland in der Zentralasien. In den Steppen Nordchinas kam es folglich zu Konflikten zwischen Nomaden und den dort herrschenden Mächten. Eine Allianz dieser Steppenvölker mit den Oströmern besiegte danach das persische Großreich der Sassaniden und führte zu dessen Untergang.

Strategien für den heutigen Klimawandel

Die Forscher betonen jedoch, dass mögliche Zusammenhänge zwischen der Kälteperiode und soziopolitischen Veränderungen stets mit großer Vorsicht zu beurteilen seien. "Die 'Spätantike Kleine Eiszeit' passt aber erstaunlich gut mit den grossen Umwälzungen jener Zeit zusammen", schreiben sie.

Für Ulf Büntgen zeigt die Untersuchung beispielhaft auf, wie **abrupte Klimaveränderungen** bestehende politische Ordnungen verändern können: "Aus der **Geschwindigkeit und Grössenordnung der damaligen Umwälzungen** können wir etwas lernen", sagt er. So ließen sich Erkenntnisse darüber, wie sich große Klimaumschwünge früher ausgewirkt haben, beispielsweise dazu nutzen, um Strategien im Umgang mit dem heutigen Klimawandel zu entwickeln.

C) EINFLUSS DER SONNE AUF DEN KLIMAWANDEL ERSTMALS BEZIFFERT

IDW 27.03.2017, Meldung der Medien-Abteilung Kommunikation des
Schweizerischen Nationalfonds SNF[77]

Modellrechnungen zeigen erstmals eine plausible Möglichkeit auf, wie Schwankungen der Sonnenaktivität einen spürbaren Effekt auf das Klima haben. Gemäß den vom Schweizerischen Nationalfonds geförderten Arbeiten könnte sich die Erderwärmung in den nächsten Jahrzehnten verlangsamen: Eine schwächere Sonne wird voraussichtlich ein halbes Grad Abkühlung beitragen.

Es gibt menschengemachte Klimaänderungen – und **es gibt natürliche Klimaschwankungen**. Ein wichtiger Faktor bei diesem unabänderlichen Auf und Ab der Erdtemperatur, das in verschiedenen Zyklen verläuft, ist die Sonne: Ihre **Aktivität variiert und damit auch die Intensität der Strahlung, die bei uns ankommt.** Es ist eine der zentralen Fragen der Klimaforschung, ob diese Schwankungen überhaupt einen Effekt auf das irdische Klima haben. Die IPCC-Berichte gehen davon aus, dass die Sonnenaktivität in der jüngeren Vergangenheit und auch der nächsten Zukunft keine Bedeutung für den Klimawandel hat. Eine vom Schweizerischen Nationalfonds (SNF) geförderte Studie relativiert diese Annahme nun.

Die Forschenden vom Physikalisch-Meteorologischen Observatorium Davos (PMOD), der EAWAG, der ETH Zürich und der Universität Bern liefern mit aufwendigen Modellrechnungen eine **belastbare Schätzung des zu erwartenden Beitrags der Sonne zur Temperaturänderung in den nächsten 100 Jahren und finden dabei erstmals einen signifikanten Effekt.** Sie errechnen eine **Abkühlung des Erdklimas um ein halbes Grad**, wenn die Sonnenaktivität ihr nächstes Minimum erreicht.

---

77   http://idwf.de/-Cjo_AA

Starke Schwankungen können vergangenes Klima erklären

Ende März treffen sich die beteiligten Forscher zu einer Konferenz in Davos, um die Endresultate des Projekts zu diskutieren. Dieses bündelte das Knowhow verschiedener Forschungsinstitutionen bei der Modellierung von Klimaeffekten. Das PMOD errechnete den sogenannten Strahlungsantrieb der Sonne **(wobei neben der elektromagnetischen auch die Teilchenstrahlung berücksichtigt wurde)**, die ETH Zürich die weiteren Auswirkungen in der Atmosphäre und die Universität Bern die Wechselwirkungen zwischen Atmosphäre und Ozeanen.

Die Schweizer Forscher gingen dabei von **einer deutlich stärkeren Schwankung der auf die Erde treffenden Strahlung aus als in bisherigen Modellen.** "Das ist der einzige Ansatz, um die natürlichen Klimaschwankungen der letzten paar Tausend Jahre zu verstehen", ist Schmutz überzeugt. Die anderen Hypothesen seien weniger schlüssig, wie zum Beispiel der Effekt großer Vulkanausbrüche.

Wie genau sich die Sonne in den nächsten Jahren verhalten wird bleibt allerdings Spekulation: entsprechende Datenreihen gibt es erst seit ein paar Jahrzehnten und über diese Zeitspanne weisen sie keine Schwankungen auf. "Insofern bleiben auch unsere neuen Ergebnisse noch eine Hypothese", sagt Schmutz: "Den nächsten Zyklus vorauszusagen fällt den Solarphysikern nach wie vor schwer." Doch weil wir seit 1950 eine konstante starke Phase beobachten, **werden wir aller Voraussicht nach in 50 bis 100 Jahren wiederum einen Tiefpunkt erleben**, und das könnte durchaus so stark wie das sogenannte Maunder-Minimum ausfallen, das im 17. Jahrhundert für besonders kalte Verhältnisse sorgte.

Wichtige historische Daten

Auch die historische Perspektive war ein wichtiger Teil des Forschungsprojekts. Das Oeschger-Zentrum für Klimaforschung der Universität Bern hat Datenreihen zur Sonnenaktivität aus der Vergangenheit mit konkreten klimatischen Verhältnissen verglichen. Sonnenflecken, deren Anzahl gut mit der Aktivität der Sonne korreliert, werden schon seit gut drei Jahrhunderten erfasst. Wie kalt es auf der Erde damals wirklich war, ist dagegen viel schwieriger exakt zu beziffern: **"Wir wissen, dass die Winter beim letzten Minimum sehr kalt waren**, zumindest in Nordeuropa", sagt Schmutz. Für die Forschenden bleibt noch einiges an Arbeit, um den Zusammenhang mit dem globalen Erdklima im Detail nachvollziehen zu können – in der Vergangenheit und eben auch in der Zukunft.

Werner Schmutz
> Physikalisch-Meteorologisches Observatorium
> Davos
> Dorfstrasse 33
> CH-7260 Davos Dorf
> E-Mail werner.schmutz@pmodwrc.ch
> Tel. +41 58 467 5145

Weitere Informationen:

http://www.snf.ch/de/fokusForschung/newsroom/Seiten/news-170327-medienmitteilung...
http://p3.snf.ch/project-147659 Projektdatenbank
http://www.snf.ch/SiteCollectionDocuments/Schmutz_Fupsol_publications.pdf Publikationen
http://www.snf.ch/medienmitteilungen

D) EINFLUSS PLANETARER GEZEITENKRÄFTE AUF DIE SONNENAKTIVITÄT

IDW 27.05.2019 Meldung von Simon Schmitt Kommunikation und Medien, Helmholtz-Zentrum Dresden-Rossendorf [78]

Es ist eine der großen Fragen der Sonnenphysik, warum die Aktivität der Sonne einem regelmäßigen 11-Jahres-Rhythmus folgt. Forscher des Helmholtz-Zentrums Dresden-Rossendorf (HZDR) präsentieren nun neue Hinweise darauf, dass die Gezeitenwirkung von Venus, Erde und Jupiter das Magnetfeld der Sonne beeinflusst und so den Sonnenzyklus steuert. Über seine Ergebnisse berichtet das Forscherteam in der Fachzeitschrift Solar Physics (doi: 10.1007/s11207-019-1447-1).

Für einen Stern wie die Sonne ist es an sich nicht ungewöhnlich, dass die magnetische Aktivität zyklisch schwankt. Allerdings können bisherige Modelle den sehr regelmäßigen Zyklus der Sonne nicht zufriedenstellend erklären. Dem Forscherteam vom HZDR gelang es jetzt zu zeigen, dass die Gezeitenwirkung der Planeten auf die Sonne als eine äußere Uhr den entscheidenden Ausschlag für deren gleichförmigen Rhythmus gibt. Die Forscher verglichen dafür historische Beobachtungen der Sonnenaktivität über die letzten tausend Jahre systematisch mit Planetenkonstellationen und wiesen statistisch die Kopplung der beiden Phänomene nach. „Die Übereinstimmung ist erstaunlich genau: Wir sehen eine völlige Parallelität mit den Planeten über 90 Zyklen hinweg", freut sich Dr. Frank Stefani, der Erstautor der Studie. „Alles deutet auf einen getakteten Prozess hin."

Ähnlich wie die Anziehungskraft des Mondes die Gezeiten auf der Erde hervorruft, so können Planeten das heiße Plasma auf der Sonnenoberfläche verschieben. Die Gezeitenwirkung ist am stärksten, wenn die Planeten Venus, Erde und Jupiter in einer Linie stehen; eine Konstellation, die alle 11,07 Jahre auftritt. Doch der Effekt ist zu schwach, um die Strömung im Son-

---

neninneren signifikant zu stören, weswegen die zeitliche Koinzidenz lange nicht weiter beachtet wurde.

Dann fanden die HZDR-Forscher jedoch Indizien für einen möglichen indirekten Mechanismus, über den die Gezeitenkräfte das Sonnen-Magnetfeld beeinflussen könnten: Schwingungen der Tayler-Instabilität, ein physikalischer Effekt, der ab einem gewissen Strom das Verhalten einer leitfähigen Flüssigkeit oder eines Plasmas verändern kann. Auf dieser Idee aufbauend konstruierten die Wissenschaftler 2016 ein erstes Modell, das sie in ihrer jetzigen Arbeit nochmals zu einem realistischeren Szenario weiterentwickeln. Die Sonne wäre demnach ein ganz normaler, älterer Stern, dessen innere Uhr aber zusätzlich durch die Gezeiten synchronisiert wird.

Kleiner Auslöser mit großer Wirkung: Gezeiten nutzen Instabilität

Im heißen Plasma der Sonne erzeugt die Tayler-Instabilität Störungen der Strömung und des Magnetfelds. Sie reagiert dabei selbst auf sehr geringe Kräfte empfindlich. Ein kleiner Energieschubs genügt, damit die Störungen zwischen einer rechtshändigen und linkshändigen Verschraubungsrichtung (Helizität) hin- und herpendeln. Den notwendigen Impuls könnte die Gezeitenwirkung der Planeten alle elf Jahre geben – und so letztendlich auch den Rhythmus vorgeben, in dem das Magnetfeld der Sonne umpolt.

„Als ich das erste Mal von Ideen las, die den Sonnendynamo mit Planeten in Verbindung bringen, war ich äußerst skeptisch", berichtet Stefani. „Als wir jedoch in unseren Computersimulationen Helizitäts-Schwingungen der stromgetriebenen Tayler-Instabilität entdeckten, fragte ich mich: Was passiert, wenn man mit einer leichten, gezeitenartigen Störung auf das Plasma einwirkt? Das Ergebnis war phänomenal. Die Schwingung wurde richtig angefacht und mit dem Takt der äußeren Störung synchronisiert." Mit ihrem erweiterten Modell können die Forscher auch Effekte erklären, die bisher nur schwierig zu modellieren waren, beispielsweise „falsche" Helizitäten, wie sie bei Studien von Sonnenflecken beobachtet werden, oder das bekannte Doppel-Maximum in der Aktivitätskurve der Sonne.

Langfrist-Prognose für die Sonne?

Die Gezeitenkräfte der Planeten könnten neben ihrer Rolle als Taktgeber für den 11-Jahres-Zyklus auch weitere Effekte auf die Sonne haben. Zum Beispiel wäre denkbar, dass sie die Schichtung des Plasmas im Grenzbereich zwischen innerer Strahlungszone und äußerer Konvektionszone der Sonne, der Tachokline, so verändern, dass der magnetische Fluss leichter abgeführt werden kann. Unter diesen Bedingungen könnte auch die Stärke der Aktivitätszyklen verändert werden, so wie einst beim „Maunder Minimum" die Sonnenaktivität über eine längere Phase deutlich zurückging.

Ein besseres Verständnis des Sonnenmagnetfeldes würde langfristig helfen, **klimarelevante Prozesse** wie das Weltraumwetter besser zu quantifizieren und vielleicht sogar eines Tages Klimaprognosen zu verbessern. Die neuen Modellrechnungen bedeuten aber auch, dass neben der Gezeitenwirkung potenziell weitere, bislang unbeachtete Mechanismen in Modelle des Sonnenmagnetfeldes integriert werden müssen, **deren Kräfte klein sind, und die – wie die Forscher jetzt wissen – dennoch eine große Wirkung entfalten können.** Um diese grundsätzliche Fragestellung auch im Labor untersuchen zu können, bereiten die Forscher zurzeit ein neues Flüssigmetall-Experiment am HZDR vor.

Publikation:

F. Stefani, A. Giesecke, T. Weier: A model of a tidally synchronized solar dynamo, in Solar Physics, 2019, DOI: 10.1038/s41467-019-09071-7

Weitere Informationen:

Dr. Frank Stefani
Institut für Fluiddynamik am HZDR
Tel. +49 351 260-3069 | E-Mail: f.stefani@hzdr.de

Wissenschaftliche Ansprechpartner:

Dr. Frank Stefani
Institut für Fluiddynamik am HZDR Tel. +49 351 260-3069 | E-Mail: f.stefani@hzdr.de

Originalpublikation:

F. Stefani, A. Giesecke, T. Weier: A model of a tidally synchronized solar dynamo, in Solar Physics, 2019, DOI: 10.1038/s41467-019-09071-7

Weitere Informationen:

https://www.hzdr.de/presse/sonnen-dynamo

Treibhauseffekt und Klimawandel

Energiewende, ja bitte, aber nicht wegen CO2

Klaus-Dieter Sedlacek (Hrsg.)

Paperback

124 Seiten

ISBN-13: 9783750413207

Verlag: Books on Demand

Sprache: Deutsch

Farbe: Ja

BUCHTIPPS

NATURWISSENSCHAFT, PHYSIK UND ASTRONOMIE

– **Äquivalenz von Information und Energie.** Von: K.-D. Sedlacek

– **Das Gesetz im Zufall:** Wie sich verborgene Gesetzlichkeit manifestiert. Von: Moritz Cantor u. K.-D. Sedlacek (Hrsg.)

– **Die Transzendenz der Realität :** Spuren einer allumfassenden transzendenten Realität jenseits von Raum und Zeit. Von: K.-D. Sedlacek

– **Einsteins Relativitätstheorie ganz ohne Mathematik.** Spezielle und allgemeine Relativitätstheorie. Von: Prof. Dr. Paul Kirchberger u. K.-D. Sedlacek (Hrsg.)

– **Freizeitvergnügen Sternenhimmel mit bloßem Auge:** Wie man Sternbilder auffindet ohne Instrumente. Von: Prof. Dr. Paul Kirchberger u. K.-D. Sedlacek (Hrsg.)

– **Phänomen Naturgesetze:** Das Geheimnis hinter den Erscheinungen der Welt. Von: K.-D. Sedlacek

– **Supervereinigung:** Wie aus nichts alles entsteht. Von: K.-D. Sedlacek

– **Die Natur psycho-physikalischer Phänomene.** Erforschung telekinetischer Vorgänge. Von: Schrenck-Notzing, A. u. Klaus D Sedlacek (Hrsg.)

– **Giganten der Physik.** Die Top10-Physiker der Menschheitsgeschichte. Von: Klaus-Dieter Sedlacek (Hrsg.)

– **Der allmächtige Informatiker:** Das Mysterium des Universums. Von Sir James Jeans u. K.-D. Sedlacek (Hrsg.)

– **Der verborgene Mechanismus des Weltgeschehens:** Neue Erkenntnisse über die Gestalten biotechnischer Systeme der Welt. Von: Dr. h. c. Raoul Francé u. K.-D. Sedlacek

– **Der erdgeschichtliche Klimawandel:** Den wahren Ursachen von Klimaschwankungen auf der Spur. Von Wilhelm Bölsche u. K.-D. Sedlacek (Hrsg.)

– **Wege zur physikalischen Erkenntnis.** Meine wissenschaftlichen Selbstbiographie, Reden und Vorträge. Von **Max Planck** u. K.-D. Sedlacek (Hrsg.)

– **Leonardo da Vinci:** Seine naturwissenschaftlichen Studien und genialen Erfindungen. Von Hermann Grothe u. K.-D. Sedlacek (Hrsg.).

– **The philosophy of physical science.** By Sir Arthur Eddington.

– **The nature of the physical world.** By Sir Arthur Eddington.

– **Leben in der Warmzeit der Erde.** Aus den Urtagen vor dem heutigen Klimawandel. Von Wilhelm Bölsche und K.-D. Sedlacek (Hrsg.

– **Treibhauseffekt und Klimawandel:** Energiewende, ja bitte, aber nicht wegen CO_2. Von Klaus-Dieter Sedlacek (Hrsg.)

– **Über die Gewissheit von Vorhersagen:** Wahrscheinlichkeiten bestimmen ohne Formelballast. Von Klaus-Dieter Sedlacek (Hrsg.)

CHEMIE

– **Der Stein der Weisen:** Wie die Alchemie zur Chemie wurde. Von: Wilhelm Ostwald et. al. u. K.-D. Sedlacek (Hrsg.)

– **Durchblick Chemie:** Praktische Grundlagen und Einführung in die anorganische, organische und Biochemie. Von: Prof. Dr. Lassar-Cohn, Prof. Dr. W. Löb, K.-D. Sedlacek

NATUR- UND PHILOSOPHIE

– **Die letzten Ursachen.** Das Buch der Naturerkenntnis. Von: K.-D. Sedlacek

– **Gebundener Wille:** Wie frei ist menschlicher Wille tatsächlich? Von: K.-D. Sedlacek, G.F. Lipps et. al.

– **Jenseits der Erscheinungen:** Erkennbarkeit und Realität der Quantennatur. Von: Prof. Dr. M. Schlick u. K.-D. Sedlacek (Hrsg.)

– **Kleines Wörterbuch der Natur-Philosophie:** 1200 Begriffe, die man kennen sollte, kurz und prägnant. Von: K.-D. Sedlacek

BUCHTIPPS

– **Naturphilosophie:** Das Wesen von Naturgesetzen und die Erklärung des Lebens. Von: Prof. Dr. M. Schlick u. K.-D. Sedlacek (Hrsg.)

– **Vereinbarkeit von Religion und Naturwissenschaft.** Von: Kurd Laßwitz u. K.-D. Sedlacek (Hrsg.)

– **Das Konzept des Guten.** Sinnliches Empfinden – Der Ursprung unserer Wertvorstellungen. Von: Klaus-Dieter Sedlacek (Hrsg.)

– **Ist echte Erkenntnis möglich?** Einführung in die Erkenntnistheorie. Von: Prof. Dr. Erich Becher u. K.-D. Sedlacek (Hrsg.)

– **Das individuelle Ich**: Was ist der Kern des Selbstbewusstseins? Von: Th. Lipps u. K.-D. Sedlacek (Hrsg.).

– **Persönlichkeit und Unsterblichkeit:** In welcher Form existiert ein Weiterleben nach dem zeitlichen Ende? Von: Wilhelm Ostwald u. K.-D. Sedlacek (Hrsg.)

– **Die idealistischen Grundwerte unserer Kultur.** Von Johannes M. Verweyen u. K.-D. Sedlacek (Hrsg.)

– **Was sind Wirklichkeiten?** Aufgedeckte Naturgeheimnisse. Von Kurd Laßwitz u. K.-D. Sedlacek (Hrsg.)

Bewusstsein

– **Leben nach dem Leben:** Befreiung des Bewusstseins von den Fesseln der Zeit. Von: K.-D. Sedlacek

– **Quantenbewusstsein.** Von: N. Wrobel u. K.-D. Sedlacek

– **Synthetisches Bewusstsein.** Von: K.-D. Sedlacek

– **Unsterbliches Bewusstsein:** Raumzeit-Phänomene, Beweise und Visionen. Von: K.-D. Sedlacek

Leben und Medizin

– **Leben aus Quantenstaub.** Von: N. Wrobel u. K.-D. Sedlacek,

– **Was ist Krankheit?** Von: N. Wrobel u. K.-D. Sedlacek

– **Bewusstsein und Unsterblichkeit.** Von: C. L. Schleich u. K.-D. Sedlacek (Hrsg.)

– **Die Lebenskraft:** Wie Enzyme, Bewusstsein und quantenbiologische Effekte das Leben regulieren. Von: K.-D. Sedlacek u. N. Wrobel,

– **Die verborgene Ordnung des Weltsystems.** Neue Erkenntnisse über die schöpferischen Kräfte der Natur. Von: Dr. h. c. Raoul Francé u. K.-D. Sedlacek (Hrsg.)

– **Homöopathie und Praxis:** Naturheilkundliche alternative Medizin für den mündigen Patienten. Von: Dr. med. J. Voorhoeve u. K.-D. Sedlacek (Hrsg.)

– **Eine andere Sicht auf die Entstehung der sporadischen Form der Alzheimerkrankheit.** Von Norbert Wrobel u. K.-D. Sedlacek (Hrsg.)

– **Bleib beweglich und fit ohne Geräte.** Leichte ärztliche Zimmergymnastik für jedes Alter. Von Moritz Schreber.

– **Plötzlich gesund.** Medizinische Wunderheilungen und die Macht organische Leiden psychisch zu beeinflussen. Von Erwin Liek.

Psychologie

– **Gestalt-Psychologie:** Einführung in die neue Psychologie vom Begründer der Gestaltpsychologie. Von: Prof. Dr. Kurt Koffka u. K.-D. Sedlacek (Hrsg.)

– **Die ersten Spuren psychischer Erscheinungen:** Das psychische Leben von Mikroorganismen – Eine Studie in experimenteller Psychologie. Von Alfred Binet u. K.-D. Sedlacek (Übers.)

– **Allgemeine moderne Psychologie:** Systematische Einführung in die Wissenschaft psychischer Prozesse. Von August Messer u. K.-D. Sedlacek (Hrsg.).

– **Strahlende Kräfte durch positives Denken:** Die Wurzeln des Erfolgs und Wege zum Glück. Von Emil Peters u. K.-D. Sedlacek (Hrsg.)

– **Neue praktische Menschenkenntnis.** Ein Ratgeber zur Menschenbehandlung mit zahlreichen Bildern und Beispielen. Von Johannes Maria Verweyen.

– **Massenpsychologie am Beispiel Jan Bockelsons**. Geschichte eines Massenwahns mit einer Einführung von Sigmund Freud. Von Friedrich Reck-Malleczewen u. K.-D. Sedlacek (Hrsg.)

BIOLOGIE

– **Wie intelligent sind Pflanzen?** Sensationelle Einblicke in die geheime Seite des pflanzlichen Wesens. Von Prof. Dr. phil. Adolf Wagner u. K.-D. Sedlacek

– **Über Menschenaffen, Tierseele und Menschenseele:** Intelligenzprüfungen an Hominiden. Von Wilhelm Bölsche et. al. und K.-D. Sedlacek (Hrsg.)

GESCHICHTE, VOR- U. FRÜHGESCHICHTE

– **Die geheimnisvolle Kultur der alten Kelten.** Von Druiden, Fürstensitzen und der Lebensart unserer frühgeschichtlichen Vorfahren. Von Georg Grupp u. K.-D. Sedlacek (Hrsg.)

– **Der Alchemist Leonhard Thurneysser:** Die Lebensgeschichte des Goldmachers von Berlin. Von Klaus-Dieter Sedlacek (Hrsg.)

– **Es begann mit Feuerskraft.** Das Werden des Menschen und seiner Kultur. Von Carl W. Neumann u. K.-D. Sedlacek (Hrsg.)

– **Gefangen zwischen Eisschollen:** Die dramatische Entdeckungsgeschichte der Antarktis. Von Klaus-Dieter Sedlacek (Hrsg.)

RATGEER

– **Kultur erleben mit den Wohnmobil in Frankreich:** Vierzig kulturelle Highlights, Park- und Übernachtungspätze sowie Navigationskoordinaten. Von Klaus-Dieter Sedlacek

– **Kochbuch für ganze Kerle:** Kräftige und Feinschmeckergerichte für Freizeit und Camping. Von K.-D. Sedlacek (Hrsg.)

– **Der Weg zu Wohlstand und Reichtum:** Goldene Regeln für den Aufbau einer selbständigen Existenz. Von P.T. Barnum u. K.-D. Sedlacek (Hrsg.)

– **Die Kultur der Azteken:** Mit einem Anhang Große Landesausstellung Baden-Württemberg „Azteken" im Lindenmuseum. Von William Prescott.

FORSCHUNGSREISEN U. ABENTEUER

– **Meine erste Weltumseglung:** Tagebuch einer epochalen Expedition. Von James Cook u. K.-D. Sedlacek (Hrsg.)

– **Exotische Reise durch Persien:** Abenteuerlicher Bericht aus einer fremdartigen Welt des 19ten Jahrhunderts. Von Pierre Loti u. K.-D. Sedlacek (Hrsg.)

– **Mit der Beagle um die Welt:** Bericht meiner Forschungsreise zum Galapagos-Archipel. Von Charles Darwin u. K.-D. Sedlacek (Hrsg.)

– **Peking-Paris im Automobil:** Die legendäre 16.000 km – Rallye 1907. Von Luigi Barzini u. K.-D. Sedlacek (Hrsg.)

FANTASTISCHE WELT ROMANE UND ERZÄHLUNGEN

Bd. 1: **Parallelwelt-Universum und die Suche nach der Weltformel.** Von: K.-D. Sedlacek

Bd. 2: **Marskolonie Eos: und die verschwindende Realität.** Von: K.-D. Sedlacek

Bd. 3: **Korakar: Geheimnisvolles Leben unter ewigem Eis.** Von: K.-D. Sedlacek

Bd. 4: **Die Spur des Dschingis-Khan.** Von: Hans Dominik, K.-D. Sedlacek (Hrsg.)

Bd. 5: **Atlantis: Die Rückkehr der Götter.** Von: Moriz Hoernes, K.-D. Sedlacek (Hrsg.)

BUCHTIPPS

fred

22: Ägypten zur Zeit der Pyramidenbauer ; Mit 16 Abbildungen im Text und 17 Bildtafeln ;Von Meyer, Eduard

23: Theophrastus Paracelsus ; Der Wegbereiter neuzeitlicher Medizin ;Von Kahlbaum, Georg W. A.

24: Endziel Weltfrieden ; Die Organisation der Welt ;Von Schücking, Walther

25: Kann das Geld abgeschafft werden; Volkswirtschaftliche Zusammenhänge und Tatsachen ; Von Cohn, Dr. Arthur Wolfgang

26: Der Konflikt der modernen Kultur; Vortrag 1921; Vom Kulturphilosophen Georg Simmel

27: Mrs. Hills Spezialrezepte für selbstgemachte Pralinen und anderes **Konfekt;** 46 Home Made Candys aus Uromas Küche; Von Mrs. Janet McKenzie Hill

Buchshop: